数据挖掘方法及其在农业中的应用

朱幸辉　雷雨亮　方　逵　著

天津大学出版社
TIANJIN UNIVERSITY PRESS

内容提要

本书是专门介绍数据挖掘方法应用在农业方面的著作,特别是作者多年来对支持向量机和神经网络建模方面的研究成果和实践经验的总结。本书比较系统地介绍了常用相关分析方法,支持向量机理论,基于支持向量机的涉农贷款风险预测,基于森林小气候的火险等级预警模型,水稻农业气象信息预警,神经网络模型,基于BP神经网络的生猪价格分析与预测。

本书可作为农业信息工程及相近专业研究生的教材,也可供从事农业信息技术和数据挖掘研究的科技工作者参考使用。

图书在版编目(CIP)数据

数据挖掘方法及其在农业中的应用 / 朱幸辉,雷雨亮,方逵著. —天津 : 天津大学出版社,2020.10
ISBN 978-7-5618-6758-7

Ⅰ.①数… Ⅱ.①朱… ②雷… ③方… Ⅲ.①数据采集—应用—农业—研究 Ⅳ.①S126

中国版本图书馆CIP数据核字(2020)第173596号

出版发行 天津大学出版社
地　　址 天津市卫津路92号天津大学内(邮编:300072)
电　　话 发行部:022-27403647
网　　址 www.tjupress.com.cn
印　　刷 北京盛通印刷股份有限公司
经　　销 全国各地新华书店
开　　本 185mm×260mm
印　　张 10.5
字　　数 268千
版　　次 2020年10月第1版
印　　次 2020年10月第1次
定　　价 30.00元

前　言

信息社会的各行各业中存在大量数据,从表面上看这些数据好像没有意义、无法应用。因此,如何将这些数据转换成有用的信息和知识并得到应用才是最重要的。而数据挖掘正是通过分析每个数据,从大量数据中寻找其规律性的东西和有价值的信息,再将获取的规律性的东西和有价值的信息广泛用于各种应用。所以,数据挖掘引起了信息产业界的极大关注。通俗来说,数据挖掘是指从大量的数据中通过算法搜索隐藏于其中的信息的过程。

数据挖掘技术已广泛用于商务管理、市场分析、生产控制、工程设计和科学探索等。农业领域同样存在大量数据,目前对大量农业数据重视不够,有待进一步加强研究并广泛使用。本书重点介绍了支持向量机和神经网络等模型,并讨论了这些模型在涉农贷款风险预测、森林小气候的火险等级预警、水稻农业气象信息预警以及生猪价格分析与预测等方面的应用。这些成果是我们将数据挖掘技术应用于农业数据的一些实践经验的总结,还需要不断改进和完善。

本书在编写过程得到了湖南农业大学信息科学技术学院聂笑一博士、乔波博士的大力帮助。另外,硕士研究生胡毅参与编写了第三章的部分内容,硕士研究生钱柯君参与编写了第四章的部分内容,硕士研究生冯友梅参与编写了第五章的部分内容,博士研究生任青山参与编写了第七章的部分内容,硕士研究生付中正、韦鑫等在书稿的整理方面做了大量的工作。在此一并向他们表示由衷的感谢。本书的出版得到了湖南省重点研发项目(2017NK2381)及湖南农业大学计算机科学与技术学科的资助。

目　　录

第1章　常用相关分析方法

通常变量之间存在一定的相互关系,这种相互关系又可以分为确定性关系和非确定性关系。一般而言,函数关系是一一对应的确定性关系,而非确定性关系可称为相关关系。相关分析是研究现象之间是否存在某种依存关系,并对具体有依存关系的现象探讨其相关方向以及相关程度,它是研究随机变量之间的相关关系的一种统计分析方法,是描述客观事物相互间关系的密切程度并用适当的统计指标表示出来的过程。如在一段时期内出生率随经济水平上升而上升,这说明两指标间是正相关关系;而在另一时期内,随着经济进一步发展,出现出生率下降的现象,这说明两指标间是负相关关系。相关分析的方法很多,初级的方法可以快速发现数据之间的关系,如正相关、负相关或不相关;中级的方法可以对数据间关系的强弱进行度量,如完全相关、不完全相关等;高级的方法可以将数据间的关系转化为模型,再通过模型进行相关预测。

1.1　图表相关分析

图表相关分析是将数据进行可视化处理,简单来说就是绘制图表,如折线图及散点图。单纯从数据的角度看问题是很难发现其中的趋势和联系的,但是把数据点绘制成图表后,其趋势和联系就会清晰地呈现出来。例如,对有明显时间维度的数据,一种好的选择是使用折线图。但是这种方法在整个分析过程和解释上过于复杂,如果换成复杂一些的数据或者相关度较低的数据就会出现很多问题。

散点图和折线图都能比较清晰地表示两组数据间的相关关系,这是其优点。但是其缺点是无法对两组数据间的相关关系进行准确的度量,缺乏说服力,并且有多组数据时也无法完成各组数据间的相关分析。若要通过具体数字来度量两组或两组以上数据间的相关关系,就需要使用更复杂的相关分析方法。

1.2　协方差分析

协方差分析是一种很常用的相关分析方法。对于两个长度均为 n 的变量 X 和 Y,其样本值分别为 x_i 和 y_i($i = 1, 2, \cdots, n$)。设 X 的样本均值(或数学期望)为 $\bar{x}$, Y 的样本均值为 $\bar{y}$,则

$$\bar{x} = E(X) = \frac{1}{n}\sum_{i=1}^{n} x_i, \quad \bar{y} = E(Y) = \frac{1}{n}\sum_{i=1}^{n} y_i \tag{1.1}$$

则协方差 S_{XY} 的计算公式为 [1]

$$\text{Cov}(X,Y) = \frac{1}{n-1}\sum_{i=1}^{n}(x_i - \bar{x})(y_i - \bar{y}) \tag{1.2}$$

协方差主要用于衡量两个变量的总体误差。如果两个变量的变化趋势一致,则协方差

就是正值,说明两个变量正相关;如果两个变量的变化趋势相反,则协方差就是负值,说明两个变量负相关;如果两个变量相互独立,则协方差就是 0,说明两个变量不相关。

某公司的广告曝光量和费用成本如表 1.1 所示。

表 1.1　某公司的广告曝光量和费用成本

时间	广告曝光量(y_i)	费用成本(x_i)	$y_i - \bar{y}$	$x_i - \bar{x}$	$(y_i - \bar{y})(x_i - \bar{x})$
2016-7-1	18 481	4 616	−16 344	−1 283	20 966 307
2016-7-2	15 094	4 649	−19 731	−1 250	24 663 380
2016-7-3	17 619	4 600	−17 206	−1 299	22 350 167
2016-7-4	16 825	4 557	−18 000	−1 342	24 154 482
2016-7-5	18 811	4 511	−16 014	−1 358	21 741 416
2016-7-6	10 430	568	−24 395	−5 331	130 058 373
2016-7-7	18	…	−34 807	−5 899	205 327 475
2016-7-8	…	…	…	…	…
2016-7-9	…	…	…	…	…

其中广告曝光量的均值 $\bar{y} = 34\ 825$,费用成本的均值 $\bar{x} = 5\ 899$。

用协方差公式(1.2)计算得到:

$$\mathrm{Cov}(X,Y) = \frac{1}{33} \sum_{i=1}^{34} (x_i - \bar{x})(y_i - \bar{y}) = 106\ 332\ 720$$

由于协方差一是个很大的正数,所以两组数据间是正相关的,即广告曝光量随着费用成本的增长而增长。在实际应用中,可以通过 Excel 软件中的 COVAR( ) 函数直接获得两组数据的协方差值。

协方差只能对两组数据进行相关性分析,当对多组数据进行相关性分析时,就需要使用协方差矩阵。如三个变量 X、Y 和 Z 的协方差矩阵计算公式为

$$C = \begin{pmatrix} \mathrm{Cov}(X,X) & \mathrm{Cov}(X,Y) & \mathrm{Cov}(X,Z) \\ \mathrm{Cov}(Y,X) & \mathrm{Cov}(Y,Y) & \mathrm{Cov}(Y,Z) \\ \mathrm{Cov}(Z,X) & \mathrm{Cov}(Z,Y) & \mathrm{Cov}(Z,Z) \end{pmatrix} \tag{1.3}$$

通过协方差衡量变量间的相关性时,正值表示正相关,负值表示负相关。但是协方差无法度量两组数据相关的密切程度,而且当我们面对多个变量时,也无法用协方差来说明哪两组数据的相关性最高。要衡量和对比变量相关性的密切程度,就需要用到相关系数分析法。

1.3　相关系数分析

相关系数(Correlation Coefficient)是反映变量之间关系密切程度的统计指标。它通过数学计算得出一个反映两个变量相互影响程度和关联方向的抽象化数值,即相关系数。对于两个长度均为 n 的变量 X 和 Y,它们的样本值分别为 x_i 和 y_i($i = 1, 2, \cdots, n$),则 X 和 Y 的

相关系数 R 的数学描述如下:

$$R = \frac{S_{XY}}{S_X S_Y} \tag{1.4}$$

其中, S_X 表示 X 的样本标准差, S_Y 表示 Y 的样本标准差, S_{XY} 表示样本协方差 $\mathrm{Cov}(X,Y)$ 。

下面分别给出协方差 S_{XY} 和标准差 S_X 、 S_Y 的计算公式。由于是样本协方差和样本标准差,因此分母使用的是 $n\text{-}1$ 。

由 X 、 Y 的样本均值式(1.1),可得到标准差 S_X 、 S_Y 的计算公式为

$$S_X = \sqrt{E(X - E(X))^2} = \sqrt{\frac{1}{n-1}\sum_{i=1}^{n}(x_i - \overline{x})^2} \tag{1.5}$$

$$S_Y = \sqrt{E(Y - E(Y))^2} = \sqrt{\frac{1}{n-1}\sum_{i=1}^{n}(y_i - \overline{y})^2} \tag{1.6}$$

于是得到相关系数的计算公式为[1]

$$R = \frac{\sum_{i=1}^{n}(x_i - \overline{x})(y_i - \overline{y})}{\sqrt{\sum_{i=1}^{n}(x_i - \overline{x})^2}\sqrt{\sum_{i=1}^{n}(y_i - \overline{y})^2}} \tag{1.7}$$

由上式可知:相关系数 R 的取值范围为 $-1\sim1$ 。相关系数的优点是可以通过数值对变量的关系进行度量,并且带有方向性。若 R 为负值,则说明两个对等向量呈一增一减的反方向变动关系, R 越接近 -1 ,变量间负相关性越强;若 R 为正值,则表示两个对等向量呈同增同减的正方向变动关系, R 越接近 $+1$,变量间正相关性越强; R 越接近零,变量间相关性越弱。一般来说, $|R|>0.8$ 表示变量间高度相关, $|R|<0.3$ 表示变量间低度相关, $|R|$ 等于其他值则表示变量间中度相关。相关系数的缺点是无法利用这种关系对数据进行预测,简单来说就是没有对变量间的关系进行提炼和固化,从而形成模型。要利用变量间的关系对数据进行预测,需要用到另一种相关分析方法——回归分析法。

在对生猪价格分析与预测的实际应用中,可在 MATLAB 软件平台上运行相关系数分析模型,并把生猪价格其及影响因子价格带入,使用方法为

$$R_k = \mathrm{corrcoef}(X, Y_k), \quad k = 1, 2, \cdots, m$$

其中, X 表示一个固定的数组, Y_k 表示 m 个数组中的 k 个数组, R_k 表示变量 X 与变量 Y_k 的相关系数。

1.4　灰色关联度分析

关联度是对变量之间相关性大小的度量。如果变量变化的态势基本一致,则表明它们之间的关联度较大,即变量间显著相关;反之,则关联度较小。虽然使用传统的回归分析、相关系数分析等统计分析方法也能对变量之间的相关性进行分析,但是往往需要较大的数据量,且要求数据的分布特征较为明显。相对来说,关联度分析不需要较多的数据样本,而且不需要样本数据具有明显规律,计算量较小,分析结果与定性分析结果基本一致,故其应用

更为广泛。

灰色关联度分析是一种基于灰色理论的多因素统计分析法,主要根据各变量的曲线几何形状的相似度来度量变量间的关联度大小,进而确定影响变量变化的主要影响因素和次要影响因素。在进行变量间的灰色关联度分析时,需比较变量之间的曲线几何形状的相似程度,并分别量化,计算出变量之间的关联度,进而通过比较关联度的大小来判断自变量对因变量的影响程度[2]。具体步骤如下。

1. 确定参考序列和比较序列

参考序列指模型的因变量,比较序列指模型的自变量。

2. 参考序列和比较序列无纲量化处理

大多数情况下,参考序列和比较序列所要表示的特征不尽相同,以至于它们的数据量纲也不相同,不便于直接比较或者难以得到正确的结论。故在进行灰色关联度分析时,需要对变量数据进行无量纲化处理。

3. 计算参考序列与比较序列间的灰色关联度系数

灰色关联度本质上是度量变量间曲线几何形状的相似程度。假定参考序列 $y_0 = [y_1, y_2, \cdots, y_n]$,比较序列 $x_k = [x_1, x_2, \cdots, x_n](k = 1, 2, \cdots, m)$,其中 n 表示数据样本的个数,m 表示比较序列的个数,则 y_0 与 x_k 在各个时刻下的关联度系数 ζ_{0k} 的计算公式如下:

$$\Delta_{0k}(i) = |y_{0(i)} - x_{k(i)}|, \quad i = 1, 2, \cdots, n \tag{1.8}$$

$$\zeta_{0k}(i) = [\Delta(\min) + \rho\Delta(\max)] / [\Delta_{0k}(i) + \rho\Delta(\max)] \tag{1.9}$$

式(1.8)中,$\Delta_{0k}(i)$ 表示参考序列 y_0 与比较序列 x_k 在 i 时刻下的点距,即参考序列曲线与比较序列曲线在同一时刻下的间距。

式(1.9)中,$\Delta(\min)$ 表示两级最小差,$\Delta(\max)$ 表示两级最大差,ρ 表示分辨系数,一般在 $0 \sim 1$,通常取 0.5。其中,

$$\Delta(\min) = \min_k \min_i |y_0(i) - x_k(i)| \tag{1.10}$$

$$\Delta(\max) = \max_k \max_i |y_0(i) - x_k(i)| \tag{1.11}$$

4. 计算关联度

关联度系数是对参考序列与比较序列在各个时刻下的相关程度的度量,因此在实际计算分析过程中,关联度系数数量较多,且数据信息过于分散,不利于直接比较。因此,有必要将各个时刻下的关联度系数集中为一个值,即求各个时刻下的关联度系数的平均值,此平均值也称作关联度,计算公式如下:

$$r_{0k} = \frac{1}{n} \sum_{i=1}^{n} \zeta_{0k}(i), \quad k = 1, 2, \cdots, m \tag{1.12}$$

其中,r_{0k} 表示参考序列与比较序列间的关联度,关联度越接近1,说明变量间的相关性越显著。

5. 关联度排序

根据关联度大小对多个比较序列进行排序,可以直观地反映参考序列与多个不同的比较序列之间的关联度大小,进而区别出不同的比较序列对参考序列的影响强度。

在实际应用中,在 MATLAB 软件平台上建立灰色关联度分析模型,即可计算灰色关联度。

1.5　最小二乘法

1.5.1　曲线拟合的概念

最小二乘法(又称最小平方法)不仅是一种数学优化技术,而且在数据分析上也有着广泛的用途。

在科学实验中,通过实验或观测得到变量 x 与 y 的一组数据对:

$$(x_i, y_i), \quad i = 0, 1, \cdots, m$$

其中, x_i 是自变量的观测值, y_i 是因变量的观测值, (x_i, y_i) 为节点,我们希望从这组数据中找出它们之间的函数关系 $y = f(x)$ 。

这里的观测值有两个特点:

(1) m 很大;

(2) y_i 本身是测量值,不准确,即不一定有 $y_i = f(x_i)$ 。

这时用插值法已毫无意义,而是要找一个简单易算的近似函数 $s(x) \approx f(x)$,使误差

$$e_i = s(x_i) - y_i, \quad i = 0, 1, \cdots, m \tag{1.13}$$

总体上达到最小,这就是曲线拟合的概念。

对于如何判别总体上达到最小,常见的标准有:

(1) $\max\limits_{1 \le i \le m} |s(x_i) - y_i|$ 达到最小;

(2) $\sum\limits_{i=1}^{m} |s(x_i) - y_i|$ 达到最小;

(3) $\sum\limits_{i=1}^{m} |s(x_i) - y_i|^2$ 达到最小。

实践表明,标准(1)太复杂,标准(2)求解困难,标准(3)是一种合适的选择。

曲线拟合的基本思想:用 n 个较简单的基函数

$$\phi_1(x), \phi_2(x), \cdots, \phi_n(x) \tag{1.14}$$

的常系数线性组合 $s(x)$ 来近似 $f(x)$,即

$$s(x) = w_1\phi_1(x) + w_2\phi_2(x) + \cdots + w_n\phi_n(x) \tag{1.15}$$

$s(x)$ 称为 $f(x)$ 的拟合函数。

常用作曲线拟合的基函数如下。

(1)多项式: $1, x, x^2, \cdots, x^{n-1}$ 。

(2)三角函数: $\sin(x), \sin(2x), \cdots, \sin(nx)$ 。

(3)指数函数: $\exp(\lambda_1 x), \exp(\lambda_2 x), \cdots, \exp(\lambda_n x)$ 。

(4)三次样条函数: $s_1(x), s_2(x), \cdots, s_n(x)$ 。

1.5.2　最小二乘法的概念

为什么在曲线拟合中要选择标准(3)呢？从统计学的角度来看,这是很重要的一个性质。假设一个函数 $f(x)$ 在 $x*$ 处的精确值是 θ, $y_i(i=1,2,\cdots,n)$ 为测量值,每次测量的误差为 $e_i = y_i - \theta$,如果将误差的总体累积记为

$$L(\theta) = \sum_{i=1}^{n} e_i^2 = \sum_{i=1}^{n} (y_i - \theta)^2$$

求解 θ 使 $L(\theta)$ 达到最小,其值正好是算术平均值 $\theta = \dfrac{y_1 + y_2 + \cdots + y_n}{n}$。

以上的方法是通过最小化误差的平方和来求最佳的真值,这与我们现实生活中用的平均值是十分吻合的。如果把上面的方法推广到寻找测量数据的最佳匹配函数,就是用标准(3)求近似函数,以使测量数据与实际数据之间误差的平方和最小。我们称这种方法为曲线拟合的最小二乘法。最小二乘法使误差的平方和最小,并在各个方程的误差之间建立一种平衡,从而防止某一个极端误差取得支配地位。

有效的最小二乘法是勒让德在 1805 年提出的,该方法提出之后很快得到了大家的认可和接受,并迅速在数据分析实践中得到应用。不过历史上有人把最小二乘法的发明归功于高斯,这是由于高斯在 1809 年发表了《天体运动论》,其中提出了最小二乘法,并且声称自己已经使用这个方法多年。高斯发明了小行星定位的数学方法,并在数据分析中使用最小二乘法进行计算,准确地预测了谷神星的位置。

1.5.3　最小二乘法的解

近似函数 $s(x)$ 各节点处的误差为

$$e_i = s(x_i) - y_i = (w_1\phi_1(x_i) + w_2\phi_2(x_i) + \cdots + w_n\phi_n(x_i)) - y_i, \quad i = 1, 2, \cdots, m$$

各节点处的误差平方和为

$$R(\boldsymbol{w}) = \sum_{i=1}^{m} e_i^2 = \sum_{i=1}^{m} \left[w_1\phi_1(x_i) + w_2\phi_2(x_i) + \cdots + w_n\phi_n(x_i) - y_i \right]^2 \qquad (1.16)$$

按标准(3)的要求, $w_1, w_2, \cdots, w_n$ 可以看成变量,于是求解多元函数 $R(\boldsymbol{w})$ 的最小解 $\boldsymbol{w}$,就是最小二乘解。

对 $j = 1, 2, \cdots, n$, $w_1, w_2, \cdots, w_n$ 应满足条件:

$$0 = \frac{R(\boldsymbol{w})}{\partial w_j} = 2\sum_{i=1}^{m} \left[w_1\phi_1(x_i) + w_2\phi_2(x_i) + \cdots + w_n\phi_n(x_i) - y_i \right]\phi_j(x_i)$$

$$= 2\left[w_1\sum_{i=1}^{m} \phi_1(x_i)\phi_j(x_i) + \cdots + w_n\sum_{i=1}^{m} \phi_n(x_i)\phi_j(x_i) - \sum_{i=1}^{m} y_i\phi_j(x_i) \right], \quad j = 1, 2, \cdots, n$$

即

$$w_1\sum_{i=1}^{m} \phi_1(x_i)\phi_j(x_i) + \cdots + w_n\sum_{i=1}^{m} \phi_n(x_i)\phi_j(x_i) = \sum_{i=1}^{m} y_i\phi_j(x_i), \quad j = 1, 2, \cdots, n \qquad (1.17)$$

记

$$G = [\phi_1, \phi_2, \cdots, \phi_n] = \begin{bmatrix} \phi_1(x_1) & \phi_2(x_1) & \cdots & \phi_n(x_1) \\ \phi_1(x_2) & \phi_2(x_2) & \cdots & \phi_n(x_2) \\ \vdots & \vdots & & \vdots \\ \phi_1(x_m) & \phi_2(x_m) & \cdots & \phi_n(x_m) \end{bmatrix}$$

$$\boldsymbol{y} = (y_1, y_2, \cdots, y_m)^{\mathrm{T}}, \qquad \boldsymbol{w} = (w_1, w_2, \cdots, w_n)^{\mathrm{T}}$$

则式（1.17）确定的方程组可以写成矩阵形式

$$\boldsymbol{G}^{\mathrm{T}} \boldsymbol{G} \boldsymbol{w} = \boldsymbol{G}^{\mathrm{T}} \boldsymbol{y} \qquad\qquad (1.18)$$

上面的线性方程组称为正规方程组。

可以证明，正规方程组有唯一解，这个解就是最小二乘法的解[3]。

1.5.4　多项式最小二乘拟合

多项式最小二乘拟合是指以多项式作为拟合模型，即选取最小二乘拟合中的基函数为多项式基。多项式最小二乘拟合是一种最简单的曲线拟合方法。下面介绍线性多项式拟合和一般多项式拟合。

1.5.4.1　线性多项式拟合

以线性函数作为拟合模型（函数基）称为线性拟合，即取

$$f_1(x) = 1, f_2(x) = x$$

这时有拟合函数

$$s(x) = w_1 f_1(x) + w_2 f_2(x)$$

将给定的数据 $(x_0, y_0), (x_1, y_1), \cdots, (x_m, y_m)$ 和函数基 $f_1(x) = 1, f_2(x) = x$ 代入正规方程组（1.18），得到

$$\begin{bmatrix} m & \sum\limits_{i=1}^{m} x_i \\ \sum\limits_{i=1}^{m} x_i & \sum\limits_{i=1}^{m} x_i^2 \end{bmatrix} \begin{bmatrix} w_1 \\ w_2 \end{bmatrix} = \begin{bmatrix} \sum\limits_{i=1}^{m} y_i \\ \sum\limits_{i=1}^{m} x_i y_i \end{bmatrix}$$

最后得到最小二乘法的解为

$$\begin{cases} w_2 = \dfrac{m \sum\limits_{i=1}^{m} x_i y_i - \sum\limits_{i=1}^{m} x_i \sum\limits_{i=1}^{m} y_i}{m \sum\limits_{i=1}^{m} x_i^2 - (\sum\limits_{i=1}^{m} x_i)^2} \\[3mm] w_1 = \dfrac{\sum\limits_{i=1}^{m} y_i - \sum\limits_{i=1}^{m} x_i w_2}{m} = \bar{y} - \bar{x} w_2 \end{cases} \qquad (1.19)$$

将式（1.19）进一步化简得

$$w_2 = \frac{m\sum\limits_{i=1}^{m}x_iy_i - \sum\limits_{i=1}^{m}x_i\sum\limits_{i=1}^{m}y_i}{m\sum\limits_{i=1}^{m}x_i^2 - (\sum\limits_{i=1}^{m}x_i)^2} = \frac{\sum\limits_{i=1}^{m}x_iy_i - m\bar{x}\bar{y}}{\sum\limits_{i=1}^{m}x_i^2 - m\bar{x}^2}$$

$$= \frac{\sum\limits_{i=1}^{m}(x_iy_i + \bar{x}\bar{y}) - m\bar{x}\bar{y} - m\bar{x}\bar{y}}{\sum\limits_{i=1}^{m}x_i^2 - 2m\bar{x}^2 + m\bar{x}^2} = \frac{\sum\limits_{i=1}^{m}(x_iy_i + \bar{x}\bar{y}) - \sum\limits_{i=1}^{m}x_i\bar{y} - \sum\limits_{i=1}^{m}y_i\bar{x}}{\sum\limits_{i=1}^{m}(\bar{x} - x_i)^2}$$

$$= \frac{\sum\limits_{i=1}^{m}(x_iy_i + \bar{x}\bar{y} - x_i\bar{y} - y_i\bar{x})}{\sum\limits_{i=1}^{m}(\bar{x} - x_i)^2} = \frac{\sum\limits_{i=1}^{m}(x_i - \bar{x})(y_i - \bar{y})}{\sum\limits_{i=1}^{m}(\bar{x} - x_i)^2}$$

于是简化的最小二乘法的解为

$$\begin{cases} w_2 = \dfrac{\sum\limits_{i=1}^{m}(x_i - \bar{x})(y_i - \bar{y})}{\sum\limits_{i=1}^{m}(\bar{x} - x_i)^2} \\ w_1 = \bar{y} - \bar{x}w_2 \end{cases} \tag{1.20}$$

上式说明均值$(\bar{x}, \bar{y})$落在线性多项式拟合曲线上。

经实验获得加热机件的长度l与温度T的一组数据见表1.2,用最小二乘拟合求在各种温度下,长度l与温度T的关系。

表 1.2　加热机件的长度 l 与温度 T 的一组数据

T/℃	10	20	30	40	50	60	70
l/mm	962.3	962.5	962.6	962.9	963.0	963.2	963.4

由此数据表画出草图可以判断l–T呈线性关系,于是采用线性多项式拟合模型:

$$l = w_1 + w_2 T \tag{1.21}$$

将上面的数据代入式(1.20)可得

$$w_1 = 962.1, \quad w_2 = 0.018\ 214$$

从而求得拟合函数为

$$l = 962.1 + 0.018\ 214T$$

1.5.4.2　一般多项式拟合

设基函数为

$$\phi = \{\phi_0(x), \phi_1(x), \cdots, \phi_n(x)\} = \{1, x, x^2, \cdots, x^n\} \tag{1.22}$$

则拟合函数为

$$s(x) = w_0 + w_1 x + \cdots + w_n x^n \tag{1.23}$$

相应的超定线性方程组的系数矩阵是

$$G = \begin{bmatrix} \phi_0(x_1) & \phi_1(x_1) & \cdots & \phi_n(x_1) \\ \phi_0(x_2) & \phi_1(x_2) & \cdots & \phi_n(x_2) \\ \vdots & \vdots & & \vdots \\ \phi_0(x_m) & \phi_1(x_m) & \cdots & \phi_n(x_m) \end{bmatrix} = \begin{bmatrix} 1 & x_1 & \cdots & x_1^n \\ 1 & x_2 & \cdots & x_2^n \\ \vdots & \vdots & & \vdots \\ 1 & x_m & \cdots & x_m^n \end{bmatrix} \tag{1.24}$$

方程组为

$$\begin{bmatrix} b_{0+0} & b_{0+1} & \cdots & b_{0+n} \\ b_{1+0} & b_{1+1} & \cdots & b_{1+n} \\ \vdots & \vdots & \vdots & \vdots \\ b_{n+0} & b_{n+1} & \cdots & b_{n+n} \end{bmatrix} \begin{bmatrix} w_0 \\ w_1 \\ \vdots \\ w_n \end{bmatrix} = \begin{bmatrix} c_0 \\ c_1 \\ \vdots \\ c_n \end{bmatrix} \tag{1.25}$$

其中，$b_k = \sum_{i=1}^{m} x_i^k \, (k = 0, 1, \cdots, 2n)$，$c_k = \sum_{i=1}^{m} y_i x_i^k \, (k = 0, 1, \cdots, n)$。

1.6　回归分析法

1.6.1　一元线性回归分析

回归分析是确定两种或两种以上变量间相互依赖的定量关系的一种统计分析方法。回归分析的目的是得到被解释变量和解释变量的关系方程，从而可以利用关系方程来对被解释变量进行预测和控制。进行回归分析之前，首先要确定变量的个数，其次确定解释变量和被解释变量。回归分析按照涉及的变量的多少，可分为一元回归分析和多元回归分析。两个变量使用一元回归分析，两个以上变量使用多元回归分析。以表 1.1 中的数据为例，数据中只包含了两个变量，因此只能采用一元回归方程。根据实际经验，我们将费用成本设置为解释变量 x，广告曝光量设置为被解释变量 y。

在一元回归分析中，如果解释变量和被解释变量的关系可用一条直线近似表示，这种回归分析称为一元线性回归分析。一元线性回归方程为

$$Y = w_0 + w_1 x + \varepsilon \tag{1.26}$$

其中，ε 表示随机误差项，$\varepsilon \sim N(0, \sigma^2)$，$Y$ 表示随机变量，w_0，w_1 是待求的系数。

随机变量 Y 也服从正态分布，下面我们以 $Y = aX + b$ 为例来证明。

如果 X 服从正态分布，则 X 的概率密度函数为

$$f_X(x) = \frac{1}{\sqrt{2\pi}\sigma} \mathrm{e}^{-\frac{(x-\mu)^2}{2\sigma^2}} \tag{1.27}$$

由 $y = g(x) = ax + b$，求得反函数为

$$x = h(y) = \frac{y - b}{a} \tag{1.28}$$

于是得到 $Y = aX + b$ 的概率密度函数为

$$f_Y(x) = f_Y(h(y))|y'(y)| = \frac{1}{|a|\sigma\sqrt{2\pi}} e^{\frac{[y-(a+b\mu)]^2}{2(a\sigma)^2}} \tag{1.29}$$

即 $Y = aX + b \sim N[a\mu + b, (a\sigma)^2]$，于是有 $Y = \varepsilon + w_0 + w_1 x \sim N(w_0 + w_1 x, \sigma^2)$。

而 Y 的数学期望为

$$E(Y) = E(\varepsilon + w_0 + w_1 x) = E(\varepsilon) + E(w_0 + w_1 x) = w_0 + w_1 x \tag{1.30}$$

对于给定的 x，取

$$\tilde{Y} = \tilde{w}_0 + \tilde{w}_1 x \tag{1.31}$$

作为 $E(Y) = w_0 + w_1 x$ 的估计，方程（1.31）为 Y 关于 x 的线性回归方程或经验公式，$\tilde{w}_1$ 为回归系数。

给定样本的一组观察值 $(x_0, y_0), (x_1, y_1), \cdots, (x_m, y_m)$，对每一个 x_i，由线性回归方程（1.31）可以确定一个回归值：

$$\tilde{y}_i = \tilde{w}_0 + \tilde{w}_1 x_i \tag{1.32}$$

而观察值 y_i 与回归值 $\tilde{y}_i$ 之差为

$$y_i - \tilde{y}_i = y_i - \tilde{w}_0 - \tilde{w}_1 x_i \tag{1.33}$$

刻画了 y_i 与回归直线 $\tilde{Y} = \tilde{w}_0 + \tilde{w}_1 x$ 的偏离度。很显然，偏离度越小越好。综合起来，就是所有偏离的平方和为最小，即

$$\sum_{i=1}^{m} (y_i - \tilde{w}_0 - \tilde{w}_1 x_i)^2 \tag{1.34}$$

最小。于是就转化为一个最优化问题：

$$Q(\tilde{w}_0, \tilde{w}_1) = \min Q(w_0, w_1) \tag{1.35}$$

其中，$Q(w_0, w_1) = \sum_{i=1}^{m} (y_i - w_0 - w_1 x_i)^2$。

这个最优化问题可以由上一节的最小二乘法的解的公式（1.20）求得 $\tilde{w}_0, \tilde{w}_1$。

上面介绍的是一元回归方法，如果涉及两个以上的变量，只能采用多元回归方法。

1.6.2　多元回归分析

在实际问题中，如果影响被解释变量的解释变量的个数有两个或两个以上时，这类问题就可以归为多元回归分析问题。多元回归分析是指在相关变量中将一个变量视为被解释变量，其他多个变量视为解释变量，由此建立多个变量之间线性或非线性数学模型数量关系式，并利用样本数据进行分析的统计分析或预测的方法[4]。常用的多元回归模型如下：

$$Y = \omega_0 + \omega_1 X_1 + \omega_2 X_2 + \cdots + \omega_k X_k + \varepsilon, \quad \varepsilon \sim N(0, \sigma^2) \tag{1.36}$$

其中，ε 表示随机误差项，$\omega_0, \omega_1, \omega_2, \cdots, \omega_k, \sigma$ 是与 $X_1, X_2, \cdots, X_k$ 无关的未知参数，称为 Y 对解释变量 $X_1, X_2, \cdots, X_k$ 的线性回归参数。

对于总体 $(X_1, X_2, \cdots, X_k; Y)$ 的 n 组观测值 $(x_{i1}, x_{i2}, \cdots, x_{ik}; y)$，应满足

$$\begin{cases} y_1 = \beta_0 + \beta_1 x_{11} + \beta_2 x_{12} + \cdots + \beta_k x_{1k} + \varepsilon_1 \\ y_2 = \beta_0 + \beta_1 x_{21} + \beta_2 x_{22} + \cdots + \beta_k x_{2k} + \varepsilon_2 \\ \qquad\qquad\qquad \cdots \\ y_n = \beta_0 + \beta_1 x_{n1} + \beta_2 x_{n2} + \cdots + \beta_k x_{nk} + \varepsilon_n \end{cases}$$ （1.37）

其中, 随机误差项 $\varepsilon_1, \varepsilon_2, \cdots, \varepsilon_n$ 相互独立, 且设 $\varepsilon_i \sim N(0, \delta^2)$ （$i = 1, 2, \cdots, n$）, 这个模型称为多元线性回归的数学模型。令

$$\boldsymbol{Y} = [y_1, y_2, \cdots, y_n]^{\mathrm{T}}$$

$$\boldsymbol{X} = \begin{bmatrix} 1 & x_{11} & x_{12} & \cdots & x_{1k} \\ 1 & x_{21} & x_{22} & \cdots & x_{2k} \\ \vdots & \vdots & \vdots & & \vdots \\ 1 & x_{n1} & x_{n2} & \cdots & x_{nk} \end{bmatrix}$$

$$\boldsymbol{\beta} = [\beta_0, \beta_1, \beta_2, \cdots, \beta_k]^{\mathrm{T}}$$

$$\boldsymbol{\varepsilon} = [\varepsilon_1, \varepsilon_2, \cdots, \varepsilon_n]^{\mathrm{T}}$$

则数学模型可用矩阵形式表示为

$$\boldsymbol{Y} = \boldsymbol{X}\boldsymbol{\beta} + \boldsymbol{\varepsilon}$$

建立多元回归模型的基本步骤如下[5]:

（1）对问题进行分析, 确定因变量与自变量, 作出因变量与各自变量间的散点图, 初始化多元回归模型的参数, 从而建立多元回归模型;

（2）利用因变量与自变量的数据 (Y, X), 对多元回归模型进行训练, 并计算参数的估计;

（3）分析数据的异常点情况;

（4）作显著性检验, 若通过, 则对模型做预测。

多元回归分析在分析多因素模型时更加简单和方便, 可以通过一个或多个解释变量来对被解释变量的值进行预测, 为生产管理者提供决策支持[6]。同时, 多元回归分析也存在以下几点缺陷:其一, 多元回归模型实质上是单个被解释变量与多个解释变量之间的关系模型, 只有当被解释变量与解释变量确实存在某种相关关系时, 建立的多元回归模型才有意义, 因此判断解释变量与被解释变量之间是否相关, 相关程度如何, 就成为进行多元回归分析必须解决的问题;其二, 多元回归模型在进行预测时, 虽然其预测结果及变化趋势相对比较稳定, 但是并未充分考虑时间序列因素对其产生的影响, 因而无法突出新进信息对预测结果的影响, 致使模型不能够实时地反映出解释变量的动态变化, 且反应时长较大, 进而导致预测结果偏离期望输出值, 使预测效果变差[7]。

1.6.3　逐步回归分析

多元逐步（Stepwise）回归分析目的是剔除变量中相关性较低的变量和存在多重共线的变量, 使剩余变量最优, 从而可以用最少的预测变量数达到最大化预测能力。多元逐步回归分析的基本思想是将变量逐个引入模型, 每引入一个解释变量后都要进行 F 检验, 并对已经

选入的解释变量逐个进行 t 检验, 如果原来引入的解释变量由于后面解释变量的引入变得不再显著时, 则将其剔除出模型, 以确保每次引入新的变量之前回归方程中只包含显著性变量, 这是一个反复的过程, 直到既没有显著的解释变量选入回归方程, 也没有不显著的解释变量从回归方程中被剔除为止, 最后所得到的解释变量集就能保证是最优的 [8]。

与一般的多元回归模型相比较, Stepwise 回归模型中虽然包含的自变量个数较少, 但是每一个解释变量都与被解释变量显著相关; Stepwise 回归模型中的均方根误差(Root Mean Squared Error, RMSE)也较小, 因此模型的稳定性更好; 而且 Stepwise 回归模型中的每一步都做了检验, 因此保证了模型中的每一个解释变量都是有显著性的。

参考文献

[1] 吴赣昌. 概率论与数理统计(经管类·第五版)[M]. 北京:中国人民大学出版社,2017.

[2] 孙芳芳. 浅议灰色关联度分析方法及其应用 [J]. 科技信息, 2010, 2(17):880-882.

[3] 方逵. 数值计算方法 [M]. 北京: 中国教育出版社,2006.

[4] 张智韬, 兰玉彬, 郑永军, 等. 影响大豆 NDVI 的气象因素多元回归分析 [J]. 农业工程学报, 2015, 31(5):188-193.

[5] 詹姆斯·杰卡德, 罗伯特·图里西. 多元回归中的交互作用 [M]. 蒋勤,译. 上海:格致出版社, 2012.

[6] YAKOVLEV A Y, TSODIKOV A D, ASSELAIN B. Regression analysis of tumor recurrence data[J]. International Journal of Cancer, 2015, 109(4):576-580.

[7] PAN W. A multiple imputation approach to regression analysis for doubly censored data with application to AIDS studies[J]. Biometrics, 2015, 57(4):1245-1250.

[8] 刘立祥. 线性回归模型中自变量的选择与逐步回归方法 [J]. 统计与决策, 2015(21):80-82.

第2章　支持向量机理论

支持向量机（Support Vector Machine，SVM）由美国科学家 Vapnik 于 1995 年提出[1]。通俗来说，它是一种二类分类模型，其基本模型定义为特征空间上的间隔最大的线性分类器，其学习策略便是间隔最大化，最终转化为一个凸二次规划问题的求解。通过构造核函数将线性不可分的数据集非线性地映射到一个高维特征空间，以使其在该空间中线性可分，通过平衡经验风险与置信范围达到预测结果最佳。SVM 是一种发展迅速的机器学习方法，现已广泛应用于文本识别[2]、三维物体识别[3]、遥感图像分析[4]、生物信息学的基因表达研究[5]、函数估计[6]、故障识别和预测[7]、时间序列预测[8]、电力系统及电子电力[9]等众多领域，并取得了比较好的效果。

2.1　支持向量机概念

2.1.1　线性分类器

为了理解 SVM，我们先了解线性分类器这个概念。给定一些数据点，它们分别属于两个不同的类，现在要找到一个线性分类器把这些数据分成两类。如果用 x 表示 m 维空间的数据点，用 y 表示类别标记变量（y 可以取 1 或者 -1，分别代表两个不同的类），一个线性分类器的学习目标便是要在这个 m 维的数据空间中找到一个超平面（Hyper Plane），超平面的方程可以表示为

$$\omega_1 x_1 + \omega_2 x_2 + \cdots + \omega_m x_m + \theta = 0 \tag{2.1}$$

或

$$\boldsymbol{\omega}^{\mathrm{T}} \boldsymbol{x} + \theta = 0 \tag{2.2}$$

其中，$\boldsymbol{\omega}^{\mathrm{T}} = (\omega_1, \omega_2, \cdots, \omega_m)$，$\boldsymbol{x}^{\mathrm{T}} = (x_1, x_2, \cdots, x_m)$。

为方便起见，我们把这个超平面简记为 $\pi(\boldsymbol{\omega}, \theta)$。

一个简单的线性分类器如图 2.1 所示。在一个二维平面上有两种不同的数据，分别用圈和叉表示。由于这些数据是线性可分的，所以可以用一条直线将这两类数据分开，这条直线就相当于一个超平面，超平面一边的数据点所对应的 y 全是 -1，另一边的数据点所对应的 y 全是 1。

假设这个超平面存在，那么定义函数

$$f(\boldsymbol{x}) = \boldsymbol{\omega}^{\mathrm{T}} \boldsymbol{x} + \theta \tag{2.3}$$

这就是线性分类函数，或称为线性分类器。

当 $f(\boldsymbol{x}) = 0$ 时，$\boldsymbol{x}$ 便是位于超平面上的数据点，而使 $f(\boldsymbol{x}) > 0$ 的数据点 $\boldsymbol{x}$ 对应类别标记

变量 $y=1$ 的数据点, 使 $f(\boldsymbol{x})<0$ 的点 $\boldsymbol{x}$ 对应 $y=-1$ 的数据点, 如图 2.2 所示。

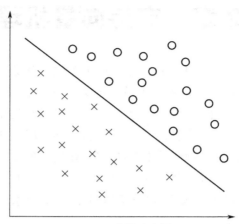

图 2.1　　线性分类器

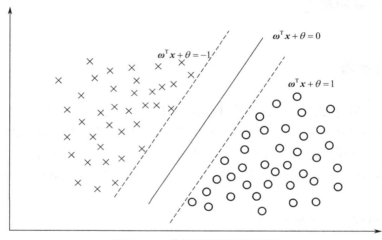

图 2.2　　n 维数据空间的超平面

接下来的问题是如何确定这个超平面。由图 2.1 直观上可知, 这个超平面应该是最适合分开两类数据的直线。而判定"最适合"的标准就是这条直线离直线两边的数据的间隔最大。所以, 最适合把两类数据分开并且和两边数据有着最大间隔的这个平面就是超平面。

2.1.2　函数间隔与几何间隔

假设超平面 $\pi(\boldsymbol{\omega},\theta)$ 存在, $\left|\boldsymbol{\omega}^{\mathrm{T}}\boldsymbol{x}+\theta\right|=\left|f(\boldsymbol{x})\right|$ 能够表示数据点 $\boldsymbol{x}$ 距离超平面的远近, 而函数 $f(\boldsymbol{x})=\boldsymbol{\omega}^{\mathrm{T}}\boldsymbol{x}+\theta$ 的符号与类别标记变量 y 的符号是否一致可判断分类是否正确。所以, 可以用 $y(\boldsymbol{\omega}^{\mathrm{T}}\boldsymbol{x}+\theta)$ 的正负性来判定或表示分类的正确性。于是, 我们引入函数间隔(Functional Margin)的概念。

设 $\boldsymbol{x}$ 是 m 维数据空间训练数据集 T 的点, y 是数据点 $\boldsymbol{x}$ 对应的类别, 如果 T 存在超平面

$\pi(\boldsymbol{\omega},\theta)$,我们称

$$\rho = yf(\boldsymbol{x})$$

为数据点 $\boldsymbol{x}$ 到超平面的函数间隔。

事实上,函数间隔 $yf(\boldsymbol{x})$ 实际上就是 $|f(\boldsymbol{x})|$。所以,函数间隔为

$$\rho = yf(\boldsymbol{x}) = |f(\boldsymbol{x})| \qquad (2.4)$$

训练数据集 T 中有 n 个样本点 $\boldsymbol{x}_i$,对应的结果标签为 y_i,则

$$\rho_T = \min_{1 \leqslant i \leqslant n} |f(\boldsymbol{x}_i)| = \min_{1 \leqslant i \leqslant n} \rho_i \qquad (2.5)$$

称为超平面 $\pi(\boldsymbol{\omega},\theta)$ 关于 T 的函数间隔。

如果将超平面 $\pi(\boldsymbol{\omega},\theta)$ 中的 $\boldsymbol{\omega}$ 和 θ 换成 $\lambda\boldsymbol{\omega}$ 和 $\lambda\theta$,我们记这个平面为 $\pi(\lambda\boldsymbol{\omega},\lambda\theta)$,显然 $\pi(\lambda\boldsymbol{\omega},\lambda\theta)$ 就是原来的超平面 $\pi(\boldsymbol{\omega},\theta)$,只是超平面的表示形式发生了变化。但是,对于超平面 $\pi(\lambda\boldsymbol{\omega},\lambda\theta)$,函数间隔 $yf(\boldsymbol{x})$ 却变成了原来的 λ 倍,即超平面 $\pi(\lambda\boldsymbol{\omega},\lambda\theta)$ 关于 T 的函数间隔为

$$\rho_T^\lambda = \lambda \min_{1 \leqslant i \leqslant n} \rho_i = \lambda\rho_T \qquad (2.6)$$

这样对同一个超平面就有不同的函数间隔,所以函数间隔不能作为数据点到超平面的距离。下面引入几何间隔概念,几何间隔才是直观意义上的数据点到超平面的距离。

假定点 $\boldsymbol{x}$ 垂直投影到超平面上的对应点为 $\boldsymbol{x}_0$,记 $\boldsymbol{x}$ 到 $\boldsymbol{x}_0$ 的直线距离为 δ,则称 δ 为点到超平面的相对几何间隔(Geometrical Margin)。如图 2.3 所示,注意到 $\boldsymbol{\omega}$ 是垂直于超平面的一个向量,根据平面几何知识,有

$$\boldsymbol{x} - \boldsymbol{x}_0 = \delta \frac{\boldsymbol{\omega}}{\|\boldsymbol{\omega}\|} \qquad (2.7)$$

其中,$\dfrac{\boldsymbol{\omega}}{\|\boldsymbol{\omega}\|}$ 是单位向量,$\|\boldsymbol{\omega}\|$ 为 $\boldsymbol{\omega}$ 的 2- 范数,且

$$\|\boldsymbol{\omega}\| = \sqrt{\boldsymbol{\omega}^{\mathrm{T}}\boldsymbol{\omega}} = \sqrt{\omega_1^2 + \omega_2^2 + \cdots + \omega_n^2} \qquad (2.8)$$

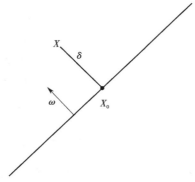

图 2.3　几何间隔

用 $\boldsymbol{\omega}^{\mathrm{T}}$ 同时左乘以式(2.7)的两边,得

$$\boldsymbol{\omega}^{\mathrm{T}}\boldsymbol{x} - \boldsymbol{\omega}^{\mathrm{T}}\boldsymbol{x}_0 = \delta \frac{\boldsymbol{\omega}^{\mathrm{T}}\boldsymbol{\omega}}{\|\boldsymbol{\omega}\|}$$

由于 $\boldsymbol{x}_0$ 在超平面上,所以 $f(\boldsymbol{x}_0) = 0$,即

$$\theta = -\boldsymbol{\omega}^{\mathrm{T}} \boldsymbol{x}_0$$

又 $\boldsymbol{\omega}^{\mathrm{T}}\boldsymbol{\omega} = \|\boldsymbol{\omega}\|^2$，于是有 $f(\boldsymbol{x}) = \boldsymbol{\omega}^{\mathrm{T}}\boldsymbol{x} + \theta = \boldsymbol{\omega}^{\mathrm{T}}(\boldsymbol{x} - \boldsymbol{x}_0) = \delta\|\boldsymbol{\omega}\|$，即

$$\delta = \frac{f(\boldsymbol{x})}{\|\boldsymbol{\omega}\|} \tag{2.9}$$

为了得到样本 $\boldsymbol{x}$ 到超平面的距离 δ 的绝对值，令 δ 乘上对应的类别 y，即可得出几何间隔 μ 的定义：

$$\mu = y\delta = \frac{\rho}{\|\boldsymbol{\omega}\|} = \frac{|f(\boldsymbol{x})|}{\|\boldsymbol{\omega}\|} \tag{2.10}$$

从以上可知：函数间隔只是人为定义的一个间隔度量，而几何间隔才是直观上的点到超平面的距离。

同理，对于上面的训练数据集 T，n 个样本点 x_i 及其类别标记变量 y_i，几何间隔最小值

$$\mu_T = \min_{1 \le i \le n} \frac{|f(x_i)|}{\|\boldsymbol{\omega}\|} = \frac{1}{\|\boldsymbol{\omega}\|} \min_{1 \le i \le n} \rho_i = \frac{\rho_T}{\|\boldsymbol{\omega}\|} \tag{2.11}$$

称为超平面 $\pi(\boldsymbol{\omega}, \theta)$ 关于 T 的几何间隔。

2.1.3　最大间隔分类器

对一个数据点集 T 进行分类，当超平面离数据点的"间隔"越大时，分类的确信度（confidence）也就越大。所以，为了使分类的确信度尽量高，需要让所选择的超平面能够最大化这个"间隔"值。这个间隔就是图 2.4 中的"间隔"（Gap）的一半。

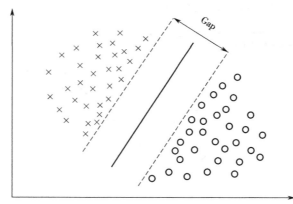

图 2.4　超平面与数据点的"间隔"

由前面的分析可知：因为在超平面固定以后，可以等比例地缩放 $\boldsymbol{\omega}$ 的长度和 θ 的值，这样导致函数间隔的值同样可以等比例地缩放。也就是说，在超平面保持不变的情况下，函数间隔 $\rho = |f(\boldsymbol{x})|$ 可以任意缩小或放大，因此函数间隔不适合用来最大化这个"间隔"值。但是，由于几何间隔除上了 $\|\boldsymbol{\omega}\|$，故 $\boldsymbol{\omega}$ 和 θ 的缩放对几何间隔 μ 的值不会发生改变。因此，这里要找的最大间隔分类超平面中的"间隔"指的是几何间隔。

设超平面 $\pi(\boldsymbol{\omega}, \theta)$ 关于 T 的函数间隔为 ρ_T ,则

$$y_i(\boldsymbol{\omega}^{\mathrm{T}}\boldsymbol{x}_i + \theta) = \rho_i \geqslant \rho_T, \quad i = 1, 2, \cdots, n \tag{2.12}$$

于是求最大间隔分类器（Maximum Margin Classifier）就是在约束条件下,最大化几何间隔 $\rho_T / \|\boldsymbol{\omega}\|$,其目标函数可以定义为

$$\max \frac{\rho_T}{\|\boldsymbol{\omega}\|}, \quad \text{s.t.}, \quad y_i(\boldsymbol{\omega}^{\mathrm{T}}x_i + \theta) \geqslant \rho_T, \quad i = 1, 2, \cdots, n \tag{2.13}$$

其中, s.t. 是 subject to 的缩写,意思是受后面的条件的约束。

我们知道,超平面 $\pi(\lambda\boldsymbol{\omega}, \lambda\theta)$ 关于 T 的函数间隔为

$$\rho_T^\lambda = \lambda \min_{1 \leqslant i \leqslant n} \rho_i = \lambda\rho_T$$

于是只要取

$$\lambda = 1 / \rho_T$$

则超平面 $\pi(\lambda\boldsymbol{\omega}, \lambda\theta)$ 关于 T 的函数间隔为 $\rho_T^\lambda = 1$ 。

为了后面方便起见,我们选择超平面为 $\pi(\lambda\boldsymbol{\omega}, \lambda\theta)(\lambda = 1 / \rho_T)$,则超平面关于 T 的函数间隔为 1 。为了方便后面的推导和优化,我们记

$$\boldsymbol{w} = \lambda\boldsymbol{\omega}, \quad b = \lambda\theta$$

于是超平面为 $\pi(\lambda\boldsymbol{\omega}, \lambda\theta)(\lambda = 1 / \rho_T)$ 的另一种表现形式为

$$\boldsymbol{w}^{\mathrm{T}}\boldsymbol{x} + b = 0$$

该超平面记为 $\pi(\boldsymbol{w}, b)$,它的函数间隔为 $\rho_T^\lambda = 1$,于是上面的目标函数转化成

$$\max \frac{1}{\|\boldsymbol{w}\|}, \quad \text{s.t.}, \quad y_i(\boldsymbol{w}^{\mathrm{T}}\boldsymbol{x}_i + b) \geqslant 1, \quad i = 1, 2, \cdots, n \tag{2.14}$$

其中, $1 / \|\boldsymbol{w}\|$ 就是几何间隔 μ_T 。

由于求 $\dfrac{1}{\|\boldsymbol{w}\|}$ 的最大值相当于求 $\|\boldsymbol{w}\|$ 或 $\dfrac{1}{2}\|\boldsymbol{w}\|^2$ 的最小值,所以上述目标函数等价于

$$\min \frac{1}{2}\|\boldsymbol{w}\|^2, \quad \text{s.t.}, \quad y_i(\boldsymbol{w}^{\mathrm{T}}\boldsymbol{x}_i + b) \geqslant 1, \quad i = 1, 2, \cdots, n \tag{2.15}$$

由上可知,目标函数是二次的,约束条件是线性的,所以它是一个凸二次规划问题。这个问题可以用现成的二次规划问题（Quadratic Programming）优化包进行求解 [10]。

此外,由于这个问题的特殊结构,还可以通过拉格朗日对偶性（Lagrange Duality）变换到对偶变量（Dual Variable）的优化问题 [11],即通过求解与原问题等价的对偶问题（Dual Problem）得到原始问题的最优解,这就是线性可分条件下支持向量机的对偶算法。这样做的优点:其一是对偶问题往往更容易求解;其二是可以自然地引入核函数,进而推广到非线性分类问题。

在图 2.5 中,中间的实线表示寻找到的最优超平面（Optimal Hyper Plane） $\pi(\boldsymbol{w}, b)$,两条虚线表示与最优超平面平行的两个平面,称为边界平面,这两个平面与最优超平面距离相等,这个距离便是几何间隔 μ_T ,两个边界平面之间的距离等于 $2\mu_T$,称为最大间隔。在数据集 T 中的点,一定有部分落在边界平面上,我们称落在边界平面上的点为支持向量。

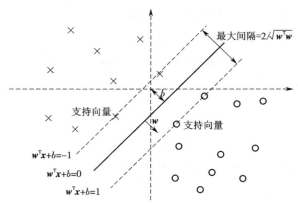

图 2.5　最优超平面与边界平面

由于这些支持向量刚好落在边界平面上,超平面 $\pi(\boldsymbol{w},b)$ 关于 T 的函数间隔为 $\rho_T^\lambda=1$,在边界平面上点的几何间隔 μ_T 应该满足

$$\mu_T=\frac{yf(\boldsymbol{x})}{\|\boldsymbol{\omega}\|}=\min\frac{yf(\boldsymbol{x}_i)}{\|\boldsymbol{\omega}\|}=\frac{\rho_T^\lambda}{\|\boldsymbol{\omega}\|}=\frac{1}{\|\boldsymbol{\omega}\|}$$

即边界平面满足如下方程:

$$yf(\boldsymbol{x})=y(\boldsymbol{w}^\mathrm{T}\boldsymbol{x}+b)=1$$

于是,两个边界平面的方程为

$$\boldsymbol{w}^\mathrm{T}\boldsymbol{x}+b=\pm1 \tag{2.16}$$

对于所有不是支持向量且用圆圈表示的点满足:

$$\boldsymbol{w}^\mathrm{T}\boldsymbol{x}+b>1$$

而所有不是支持向量且用叉表示的点满足:

$$\boldsymbol{w}^\mathrm{T}\boldsymbol{x}+b<1$$

2.1.4　函数的梯度

梯度是一个向量,对于一个多元函数 $f(\boldsymbol{x})$ 的梯度记为 $\nabla_{\boldsymbol{x}}f(\boldsymbol{x})$,且

$$\nabla_{\boldsymbol{x}}f(\boldsymbol{x})=(\frac{\partial f(\boldsymbol{x})}{\partial x_1},\frac{\partial f(\boldsymbol{x})}{\partial x_2},\cdots,\frac{\partial f(\boldsymbol{x})}{\partial x_m})^\mathrm{T}$$

梯度的第 i 个元素是 $f(\boldsymbol{x})$ 关于 x_i 的偏导数,梯度是一个向量。

函数 $f(\boldsymbol{x})$ 在 $\boldsymbol{u}$(单位向量)方向的斜率称为方向导数(Directional Derivation)。方向导数是函数 $f(\boldsymbol{x}+\alpha\boldsymbol{u})$ 关于 α 的导数(在 $\alpha=0$ 时取得)。当 $\alpha=0$ 时,可以得到

$$\left.\frac{\partial f}{\partial\boldsymbol{u}}\right|_{\boldsymbol{x}}=\lim_{\alpha\to0}\frac{f(\boldsymbol{x}+\alpha\boldsymbol{u})-f(\boldsymbol{x})}{\alpha\|\boldsymbol{u}\|_2}=\boldsymbol{u}^\mathrm{T}\nabla_{\boldsymbol{x}}f(\boldsymbol{x})$$

计算方向导数可得:

$$\boldsymbol{u}^\mathrm{T}\nabla_{\boldsymbol{x}}f(\boldsymbol{x})=\|\boldsymbol{u}\|_2\cdot\|\nabla_{\boldsymbol{x}}f\|_2\cos\theta$$

其中,θ 是梯度与 $\boldsymbol{u}$ 方向的夹角。

为了最小化 $f(\boldsymbol{x})$，我们希望可以找到 $f(\boldsymbol{x})$ 下降最快的方向，也就是

$$f(\boldsymbol{x}) - f(\boldsymbol{x} + \alpha\boldsymbol{u}) \approx -\alpha\boldsymbol{u}^{\mathrm{T}}\nabla_x f(\boldsymbol{x}) = -\alpha\|\nabla_x f\|_2 \cos\theta$$

最大化，即

$$\max_{\boldsymbol{u}}(f(\boldsymbol{x}) - f(\boldsymbol{x} + \alpha\boldsymbol{u})) \approx \max_{\boldsymbol{u}}(-\alpha\|\nabla_x f\|_2 \cos\theta) = -\alpha\|\nabla_x f\|_2 \min_{\boldsymbol{u}}\cos\theta$$

如果需要 $\cos\theta$ 取得最小值，则 $\theta = 180°$，即 $\cos\theta = -1$，表明当方向向量与梯度向量方向相反时，可以获得最快的下降方向。

通俗理解，梯度向量是一个方向，正梯度方向是上坡的方向，而负梯度方向是下坡的方向，且都是坡度最大的方向。从几何角度来理解就是，沿着负梯度方向快速寻找极小值的优化方法称为最速下降法或梯度下降法。

具体步骤为：

（1）初始点 $\boldsymbol{x}_0$；

（2）最速下降点 $\boldsymbol{x}_{k+1} = \boldsymbol{x}_k - \alpha\nabla_{\boldsymbol{x}_k}f(\boldsymbol{x}_k)$，这里 α 称为步长。

在很多算法中，既有固定步长也有变步长，常用的一种变步长为

$$\min_{\alpha} f(\boldsymbol{x}_k - \alpha\nabla_{\boldsymbol{x}_k}f(\boldsymbol{x}_k))$$

式中，α 为决策变量，目的是为了求出下降过程中使函数值最小的 α。这是一种线搜索策略，在阻尼牛顿法中也用到这个方法。

2.1.5　拉格朗日乘子法和 KKT 条件

带有约束条件的最优化问题，约束条件分为等式约束与不等式约束，对于含有等式约束的优化问题，可以直接应用拉格朗日乘子法求取最优值；对于含有不等式约束的优化问题，可以转化为在满足 卡罗需－库恩－塔克（Karush-kuhn-Tucker，KKT）约束条件下应用拉格朗日乘子法求取最优值。拉格朗日求得的其实就是局部极小值，并不一定是最优解，只有在凸优化的情况下，才能保证得到的是最优解。求解的最优化问题通常有如下几类。

设 $f(\boldsymbol{x})$ 是需要最小化的函数，$h_i(\boldsymbol{x})$ 是等式约束，$g_i(\boldsymbol{x})$ 是不等式约束。

（1）无约束优化问题，可以写为

$$\min f(\boldsymbol{x})$$

（2）有等式约束的优化问题，可以写为

$$\min f(\boldsymbol{x}), \quad \text{s.t.,} \quad h_i(\boldsymbol{x}) = 0, \quad i = 1, 2, \cdots, n$$

（3）有不等式约束的优化问题，可以写为

$$\min f(\boldsymbol{x}), \quad s.t., \quad g_i(\boldsymbol{x}) \leqslant 0, \quad i = 1, 2, \cdots, n; \quad h_i(\boldsymbol{x}) = 0, \quad i = 1, 2, \cdots, m$$

对于第（1）类的优化问题，通常的方法就是求 $f(\boldsymbol{x})$ 的导数，然后令其为零，可以求得局部最极值，再在这些局部极值中验证。如果是凸函数，可以保证局部极值是最优解。如果没有解析解的话，可以使用梯度下降或牛顿方法等迭代的方法来求逼近解。

对于第（2）类的优化问题，通常使用的方法就是拉格朗日乘子法（Lagrange Multiplier），即令拉格朗日函数为

$$L(\boldsymbol{x}, \lambda) = f(\boldsymbol{x}) + \sum_{i=1}^{n} \lambda_i h_i(\boldsymbol{x}) \qquad (2.17)$$

其中，λ_i 称为拉格朗日乘子。

通过拉格朗日函数对各个变量求导，并令其为零，得

$$\begin{cases} f'(\boldsymbol{x}) + \sum_{i=1}^{n} \lambda_i h_i'(\boldsymbol{x}) = 0 \\ h_i(\boldsymbol{x}) = 0, \quad i = 1, 2, \cdots, n \end{cases} \qquad (2.18)$$

求得 $\boldsymbol{x}$、λ_i 的值后，代入 $f(\boldsymbol{x})$ 求解得到可能的极值点。不过上述的点可能是鞍点，也可能是极值点，具体判断要用二元凸函数的判别条件确定最优值 [12-13]。

对于第（3）类的优化问题，通常使用的方法就是 KKT 条件。同样地，我们把所有的等式、不等式约束与 $f(\boldsymbol{x})$ 写为一个式子，也叫拉格朗日函数，系数也称拉格朗日乘子，通过一些条件，可以求出最优值的必要条件，这个条件称为 KKT 条件。

$$L(\boldsymbol{x}, \lambda) = f(\boldsymbol{x}) + \sum_{i=1}^{n} \lambda_i h_i(\boldsymbol{x}) + \sum_{i=1}^{m} \alpha_i g_i(\boldsymbol{x}), \quad \text{s.t.}, \quad g_i(\boldsymbol{x}) \geqslant 0, \quad i = 1, 2, \cdots, m$$

求取这三个等式之后就能得到候选最优值。其中，第三个式子非常有趣，因为 $\alpha_i g_i(\boldsymbol{x}) \geqslant 0$，如果要满足这个等式，必须有 $\alpha_i = 0$ 或者 $g_i(\boldsymbol{x}) = 0$。这是 SVM 的很多重要性质的来源，如支持向量的概念。

下面来看一个直观的例子，在图 2.6 中，对于二维情况下的目标函数是 $f(x, y)$ 及约束 $g(x, y) = c$，在平面中画出 $f(x, y)$ 的等高线和约束函数曲线，目标函数 $f(x, y)$ 与约束 $g(x, y) = 0$ 只有三种情况，即相交、相切或者没有交集。没有交集肯定不是解，只有相交或者相切可能是解。相交表明在等高线平面上，约束函数曲线在交点穿过目标函数曲面。设约束 $g(x, y) = c$ 和目标函数 $f(x, y)$ 曲面对应的曲线为 l，则意味着在等高线平面上，约束函数曲线与曲线 l 相交，所以该交点不是最优解。因此，只有在等高线平面上约束函数曲线与目标函数曲线相切才可能得到最优解。

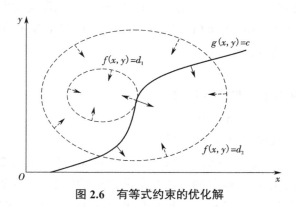

图 2.6　有等式约束的优化解

设交点为 $p(x_1, y_1, d_1)$，在等高线平面上，对于目标函数曲线 $f(x, y) = d_1$，两边求微分得

$$f_x(x, y)\mathrm{d}x + f_y(x, y)\mathrm{d}y = 0$$

即

$$\frac{\mathrm{d}y}{\mathrm{d}x} = -\frac{f_x(x,y)}{f_y(x,y)}$$

同理,对于约束函数曲线有

$$\frac{\mathrm{d}y}{\mathrm{d}x} = -\frac{g_x(x,y)}{g_y(x,y)}$$

于是在交点 $p(x_1, y_1, d_1)$ 处,约束函数曲线和目标函数曲线的法线方向分别为 $(f_x(x_1, y_1), f_y(x_1, y_1))$ 和 $(g_x(x_1, y_1), g_y(x_1, y_1))$,由两法向量平行可得

$$(f_x(x_1, y_1), f_y(x_1, y_1)) = \alpha(g_x(x_1, y_1), g_y(x_1, y_1))$$

上面正好是拉格朗日乘子法取得极值的必要条件,再加上约束条件 $g(x,y) - c = 0$,联立起来,正好得到的就是拉格朗日乘子法。这就是拉格朗日乘子法的几何意义,也是几何证明方法。

KKT 条件的意义:它是一个非线性规划(Nonlinear Programming)问题能有最优化解法的必要和充分条件。

所谓 KKT 条件,就是指不等式约束的优化问题中的最小点 x^* 必须满足下面的条件:

(1) $\nabla \boldsymbol{x} f(\boldsymbol{x}^*) + \sum_{i=1}^{m} \lambda_i \nabla \boldsymbol{x} h_i(\boldsymbol{x}^*) + \sum_{j=1}^{n} \alpha_j \nabla \boldsymbol{x} g_j(\boldsymbol{x}^*) = 0$;

(2) $h_j(\boldsymbol{x}^*) = 0, \quad j = 1, 2, \cdots, m$;

(3) $\sum_{i=1}^{m} \alpha_i g_i(\boldsymbol{x}^*) = 0, \quad \alpha_i \geqslant 0$。

对于 KKT 条件,条件(1)和(2)比较好理解,条件(3)实际上要求每一个

$$\alpha_i g_i(\boldsymbol{x}^*) = 0$$

即要么 $\alpha_i = 0$,要么就是 $g_i(\boldsymbol{x}^*) = 0$。

2.1.6　对偶最优化问题求解的步骤

我们知道,由拉格朗日乘子法,非线性二次规划问题(2.15)可转化为如下的最优化问题。首先定义拉格朗日函数:

$$L(\boldsymbol{w}, b, \boldsymbol{\alpha}) = \frac{1}{2}\|\boldsymbol{w}\|^2 - \sum_{i=1}^{n} \alpha_i(y_i(\boldsymbol{w}^{\mathrm{T}}\boldsymbol{x}_i + b) - 1) \tag{2.19}$$

其中,$\alpha_i \geqslant 0(i = 1, 2, \cdots, n)$。

然后令

$$\theta(\boldsymbol{w}) = \max_{\alpha_i \geqslant 0} L(\boldsymbol{w}, b, \boldsymbol{\alpha})$$

则非线性二次规划问题(2.15)就是在约束条件 $\alpha_i \geqslant 0(i = 1, 2, \cdots, n)$ 下,求 $L(\boldsymbol{w}, b, \boldsymbol{\alpha})$ 的最大值。

容易验证,若某个约束条件不满足时,比如 $y_i(\boldsymbol{w}^{\mathrm{T}}\boldsymbol{x}_i + b) < 1$,那么只要令 $\alpha_i \to \infty$,则有

$$\theta(\boldsymbol{w}) \to \infty$$

所以 $\theta(\boldsymbol{w})$ 没有极大值。

当所有约束条件都满足时,则 $\theta(\boldsymbol{w})$ 的最优值为 $\frac{1}{2}\|\boldsymbol{w}\|^2$。注意到假如 $\boldsymbol{x}_i$ 是支持向量,由式(2.16)知,$y_i(\boldsymbol{w}^{\mathrm{T}}\boldsymbol{x}_i+b)-1$ 等于 0,而对于非支持向量来说,$y_i(\boldsymbol{w}^{\mathrm{T}}\boldsymbol{x}_i+b)-1$ 会大于 1,而 α_i 又是非负的,为了满足最大化,α_i 必须等于 0。这也就是这些非支持向量的点的局限性,这是由 KKT 条件(3)决定的。

由上可知,在要求约束条件得到满足的情况下最小化 $\frac{1}{2}\|\boldsymbol{w}\|^2$,实际上等价于直接最小化 $\theta(\boldsymbol{w})$,即 $\min\limits_{\boldsymbol{w},b}\theta(\boldsymbol{w})$,记

$$\min_{\boldsymbol{w},b}\theta(\boldsymbol{w})=\min_{\boldsymbol{w},b}\max_{\alpha_i\geq 0}L(\boldsymbol{w},b,\boldsymbol{\alpha})=\rho* \tag{2.20}$$

这里用 $\rho*$ 表示这个问题的最优值,且和最初的问题是等价的。如果直接求解,那么一上来便要面对 $\boldsymbol{w}$ 和 b 两个参数,而 α_i 又是不等式约束,这个求解过程不好做。不妨把最小和最大的位置交换一下,变成原始问题的对偶问题,记为

$$\max_{\alpha_i\geq 0}\min_{\boldsymbol{w},b}L(\boldsymbol{w},b,\boldsymbol{\alpha})=\rho \tag{2.21}$$

这个新问题的最优值用 ρ 来表示。而且有 $\rho*\leq\rho$,在满足某些 KKT 条件的情况下,这两者相等,这个时候就可以通过求解对偶问题来间接地求解原始问题。

经过论证,我们这里的问题是满足上一节 KKT 条件的,也就是说,原始问题通过满足 KKT 条件已经转化成了对偶问题。而求解这个对偶学习问题,分为 3 个步骤:首先要让 $L(\boldsymbol{w},b,\boldsymbol{\alpha})$ 关于 $\boldsymbol{w}$ 和 b 最小化,然后求对 $\boldsymbol{\alpha}$ 的极大,最后利用 SMO 算法求解对偶问题中的拉格朗日乘子。

下面可以先求 L 对 $\boldsymbol{w}$、b 的极小,再求 L 对 $\boldsymbol{\alpha}$ 的极大。

(1)固定 $\boldsymbol{\alpha}$,要使 L 关于 $\boldsymbol{w}$ 和 b 最小化。我们分别对 $\boldsymbol{w}$,b 求偏导数,并令 $\partial L/\partial w_i$ 和 $\partial L/\partial b$ 等于零,得到

$$\begin{cases} w_j=\sum\limits_{i=1}^{n}\alpha_i y_i x_i^j, & j=1,2,\cdots,m \\ \sum\limits_{i=1}^{n}\alpha_i y_i=0 \end{cases} \tag{2.22}$$

其中,x_i^j 是数据点 $\boldsymbol{x}_i=(x_i^1,x_i^2,\cdots,x_i^m)^{\mathrm{T}}$ 的分量。

将 $\boldsymbol{w}$ 写成如下形式:

$$\boldsymbol{w}=\sum_{i=1}^{n}\alpha_i y_i(x_i^1,x_i^2,\cdots,x_i^m)^{\mathrm{T}}=\sum_{i=1}^{n}\alpha_i y_i \boldsymbol{x}_i \tag{2.23}$$

于是有

$$\begin{aligned} L(\boldsymbol{w},b,\boldsymbol{\alpha})&=\frac{1}{2}\boldsymbol{w}^{\mathrm{T}}\boldsymbol{w}-\sum_{i=1}^{n}\alpha_i y_i \boldsymbol{w}^{\mathrm{T}}\boldsymbol{x}_i-\sum_{i=1}^{n}\alpha_i y_i b+\sum_{i=1}^{n}\alpha_i \\ &=\frac{1}{2}\boldsymbol{w}^{\mathrm{T}}\boldsymbol{w}-\sum_{i=1}^{n}\alpha_i y_i \boldsymbol{w}^{\mathrm{T}}\boldsymbol{x}_i+\sum_{i=1}^{n}\alpha_i \end{aligned}$$

$$= \boldsymbol{w}^{\mathrm{T}}(\frac{1}{2}\boldsymbol{w}-\boldsymbol{w}) + \sum_{i=1}^{n} \alpha_i$$

$$= \sum_{i=1}^{n} \alpha_i - \frac{1}{2}\sum_{i=1}^{n} \alpha_i y_i \boldsymbol{x}_i^{\mathrm{T}} \sum_{i=1}^{n} \alpha_i y_i \boldsymbol{x}_i$$

$$= \sum_{i=1}^{n} \alpha_i - \frac{1}{2}\sum_{i=1}^{n}\sum_{j=1}^{n} \alpha_i \alpha_j y_i y_j \boldsymbol{x}_i^{\mathrm{T}} \boldsymbol{x}_j \qquad (2.24)$$

其中，$\boldsymbol{x}_i^{\mathrm{T}} \boldsymbol{x}_j = \sum_{k=1}^{m} y_j^k x_j^k$，称为向量 $\boldsymbol{x}_i$ 与 $\boldsymbol{x}_j$ 的内积，记为 $\langle \boldsymbol{x}_i, \boldsymbol{x}_j \rangle$。

从上面的最后一个式子可知，现在拉格朗日函数只包含了一个变量 α_i，求出了 α_i 便能求出 $\boldsymbol{w}$ 和 b，于是上面提出的核心问题分类函数 $f(\boldsymbol{x}) = \boldsymbol{w}^{\mathrm{T}}\boldsymbol{x} + b$ 也就可以轻而易举地求出来了。

（2）求对 α_i 的极大，即是关于对偶问题的最优化问题。经过上面第一步最小化，拉格朗日函数 $L(\boldsymbol{w}, b, \boldsymbol{\alpha})$ 得到化简，已经没有了变量 $\boldsymbol{w}$、b，只剩下变量 α_i。从而由式（2.21）得到对偶的约束优化问题为

$$\max_{\alpha_i}(\sum_{i=1}^{n} \alpha_i - \frac{1}{2}\sum_{i=1}^{n}\sum_{j=1}^{n} \alpha_i \alpha_j y_i y_j \langle \boldsymbol{x}_i, \boldsymbol{x}_j \rangle) \quad \text{s.t.} \quad \alpha_i \geqslant 0, \quad i = 1, 2, \cdots, n \qquad (2.25)$$

$$\sum_{i=1}^{n} \alpha_i y_i = 0$$

或化为等价的极小化问题：

$$\min_{\alpha_i}(\frac{1}{2}\sum_{i=1}^{n}\sum_{j=1}^{n} \alpha_i \alpha_j y_i y_j \langle \boldsymbol{x}_i, \boldsymbol{x}_j \rangle - \sum_{i=1}^{n} \alpha_i) \quad \text{s.t.} \quad \alpha_i \geqslant 0, \quad i = 1, 2, \cdots, n \qquad (2.26)$$

$$\sum_{i=1}^{n} \alpha_i y_i = 0$$

这里是由于 KKT 条件（3）决定的，因为 $\alpha_i \geqslant 0$。

（3）利用 SMO 算法求解对偶问题的拉格朗日乘子 α_i。求出了 α_i，由式（2.23）可得到对偶问题的最优解 $\boldsymbol{w}$，由于支持向量在两个边界平面上，所以支持向量分别满足：

$$\boldsymbol{w}^{\mathrm{T}}\boldsymbol{x}_i + b = 1$$

$$\boldsymbol{w}^{\mathrm{T}}\boldsymbol{x}_j + b = -1$$

以上两式相加得

$$b = -\frac{1}{2}(\boldsymbol{w}^{\mathrm{T}}\boldsymbol{x}_i + \boldsymbol{w}^{\mathrm{T}}\boldsymbol{x}_j)$$

取

$$b = -\frac{1}{2}(\min_i \boldsymbol{w}^{\mathrm{T}}\boldsymbol{x}_i + \max_j \boldsymbol{w}^{\mathrm{T}}\boldsymbol{x}_j)$$

最终得出分离超平面和分类决策函数。

通过求解对偶问题得到最优解，这就是线性可分条件下支持向量机的对偶算法。本章主要利用 SMO 算法求解对偶问题中的拉格朗日乘子。

2.2 核函数方法

2.2.1 线性不可分的情况

到目前为止，SVM 还只能处理线性分类问题，而对非线性分类问题，必须引入核函数。我们知道，如果有了超平面，对一个数据点 x 进行分类时，实际上是通过把 x 代入到分类函数 $f(x) = w^{\mathrm{T}}x + b$ 算出结果，然后根据结果的正负号来进行类别划分。因此，分类函数为

$$f(x) = \sum_{i=1}^{n} \alpha_i y_i x_i^{\mathrm{T}} x + b = \sum_{i=1}^{n} \alpha_i y_i \langle x_i, x \rangle + b \qquad (2.27)$$

这里的形式的有趣之处在于，对于新点 x 的预测，只需要计算它与训练数据点的内积即可，这一点至关重要，这是之后使用核函数进行非线性推广的基本前提。此外，所谓支持向量也在这里显示出来。事实上，所有非支持向量所对应的系数 α 都是等于零的，因此对于新点的内积计算实际上只要针对少量的"支持向量"即可，而不是所有的训练数据。

在得到了对偶形式之后，通过求解对偶问题得到最优解，这就是线性可分条件下支持向量机的对偶算法，这样做的优点有两个：一是对偶问题往往更容易求解；二是通过核函数推广到非线性分类问题就变成了一件比较容易的事情。

2.2.2 核函数

事实上，数据在大部分时候并不是线性可分的，这个时候满足这样条件的超平面就根本不存在。前面我们分析了 SVM 处理线性可分数据的情况，而对非线性数据情况，SVM 的处理方法是通过一个核函数 $\kappa(\cdot, \cdot)$ 将数据映射到高维空间，使得非线性分类问题在高维空间变成线性分类问题。

具体来说，在线性不可分的情况下，支持向量机首先在低维空间中完成计算，然后通过核函数将输入空间映射到高维特征空间，最后在高维特征空间中构造出最优分离超平面，从而把平面上本身不好分的非线性数据分开。如图 2.7 所示，二维空间内的一堆数据无法用平面分开，而映射到三维空间后则可以用平面分开。

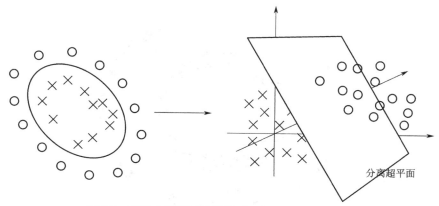

图 2.7　二维非线性可分数据到三维线性可分的映射

我们在遇到核函数之前,如果用原始的方法用线性学习器学习一个非线性关系,需要选择一个非线性特征集,并且将数据写成新的表达形式,这等价于应用一个固定的非线性映射将数据映射到特征空间,在特征空间中再使用线性学习器。

我们希望存在一个非线性映射

$$\phi : \boldsymbol{x} \rightarrow F$$

将原数据空间映射到某个特征空间 F,然后在这个特征空间使用线性学习器分类,而分类函数记为

$$f(\boldsymbol{x}) = \sum_{i=1}^{n} w_i \phi(\boldsymbol{x}) + b \tag{2.28}$$

由(2.27)可知,线性分类函数由数据点的内积来表示。对非线性可分的数据集的分类函数记为

$$f(\boldsymbol{x}) = \sum_{i=1}^{n} \alpha_i y_i \langle \phi(\boldsymbol{x}_i), \phi(\boldsymbol{x}) \rangle + b \tag{2.29}$$

而其中的 $\boldsymbol{\alpha}$ 可以通过求解对偶形式的最优化问题(2.25)而得到。

$$\max_{\alpha_i} \left(\sum_{i=1}^{n} \alpha_i - \frac{1}{2} \sum_{i=1}^{n} \sum_{j=1}^{n} \alpha_i \alpha_j y_i y_j \langle \phi(\boldsymbol{x}_i^{\mathrm{T}}), \phi(\boldsymbol{x}_j) \rangle \right) \quad \text{s.t.} \quad \alpha_i \geqslant 0, \quad i = 1, 2, \cdots, n \tag{2.30}$$

$$\sum_{i=1}^{n} \alpha_i y_i = 0$$

接下来我们看一个例子。如图 2.8 所示的两类数据的分布分别为圆圈的形状,这样的数据本身就是线性不可分的,此时我们该如何把这两类数据分开呢?

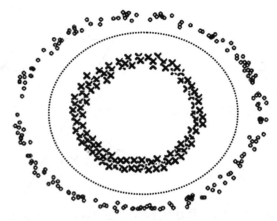

图 2.8 圆形分布的两类数据集

事实上,图 2.8 所述的两个数据集是用两个半径不同的圆圈加上了少量的噪声生成得到的,所以一个理想的分界应该是一个"圆圈"而不是一条线(超平面)。如果用 x_1 和 x_2 表示这个二维平面的两个坐标,一条二次曲线(圆圈是二次曲线的一种特殊情况)的方程可以写成如下形式:

$$a_1 x_1 + a_2 x_1^2 + a_3 x_2 + a_4 x_2^2 + a_5 x_1 x_2 + a_6 = 0 \qquad (2.31)$$

注意上面的形式,如果我们构造另外一个五维的空间,其中五个坐标的值分别为 $z_1 = x_1$, $z_2 = x_1^2$, $z_3 = x_2$, $z_4 = x_2^2$, $z_5 = x_1 x_2$,那么显然上面的方程在新的坐标系下可以写作:

$$\sum_{i=1}^5 a_i z_i + a_6 = 0$$

关于新的坐标系 $\boldsymbol{Z}$,这正是一个超平面的方程。也就是说,如果我们做一个映射 $\phi : R^2 \to R^5$,将 $\boldsymbol{X}$ 按照上面的规则映射为 $\boldsymbol{Z}$,那么在新的空间中原来的数据将变成线性可分的,从而使用前面推导的线性分类算法就可以进行处理了。这也是核函数方法处理非线性问题的基本思想。

现在,是不是对任意一个非线性数据集,只要找一个映射 $\phi(\cdot)$,然后把原来的数据映射到新空间中,再做线性 SVM 即可。事实上,没有这么简单,在上面的例子中,我们对一个二维空间做映射,选择的新空间是原始空间坐标的所有一阶和二阶的组合,得到了五个维度。如果原始空间是三维的,那么我们会得到 19 维的新空间,这个数目是呈爆炸性增长的,这给 $\phi(\cdot)$ 的计算带来了非常大的困难,而且如果遇到无穷维的情况,就根本无从计算了。所以,我们就需要核函数了。

对于数据集中任意的 $\boldsymbol{x}, \boldsymbol{z}$,如果存在非线性映射 ϕ,我们定义一个关于 $\boldsymbol{x}, \boldsymbol{z}$ 的函数

$$\kappa(\boldsymbol{x}, \boldsymbol{z}) = \langle \phi(\boldsymbol{x}), \phi(\boldsymbol{z}) \rangle$$

称为核函数,简记为 $\kappa(\cdot, \cdot)$。

核函数能简化映射空间中的内积运算,而在 SVM 里需要计算的地方数据向量总是以内积的形式出现。所以,有了核函数 $\kappa(\cdot, \cdot)$,就可以在特征空间中直接计算内积 $\langle \phi(\boldsymbol{x}_i), \phi(\boldsymbol{x}) \rangle$,而非线性分类函数计算就像线性分类函数计算一样方便。

现在,对非线性可分的数据集,核函数相当于把原来的分类函数(2.29)化为

$$f(\boldsymbol{x}) = \sum_{i=1}^{n} \alpha_i y_i \kappa_{ij} + b \tag{2.32}$$

而对偶形式的最优化问题(2.30)化为

$$\max_{\alpha_i}\left(\sum_{i=1}^{n} \alpha_i - \frac{1}{2}\sum_{i=1}^{n}\sum_{j=1}^{n} \alpha_i \alpha_j y_i y_j \kappa_{ij}\right) \quad \text{s.t.} \quad \alpha_i \geqslant 0, \quad i = 1, 2, \cdots, n \tag{2.33}$$

$$\sum_{i=1}^{n} \alpha_i y_i = 0$$

在进一步描述核函数的细节之前,不妨再来看看这个例子映射过后的直观例子。当然,我们无法把 5 维空间画出来,不过这里生成数据的时候就是用了特殊的情形,具体来说,这里的超平面实际的方程是这样的(圆心在 x_2 轴上的一个正圆):

$$\sum_{i=1}^{5} a_i z_i + a_6 = 0$$

我们不妨还是从上面的例子出发,设二维平面上的两个向量 $\boldsymbol{x}_1 = (\eta_1, \eta_2)^{\mathrm{T}}$ 和 $\boldsymbol{x}_2 = (\xi_1, \xi_2)^{\mathrm{T}}$,而 $\phi(\cdot)$ 是前面说的二维空间到五维空间的映射,即

$$\phi(\boldsymbol{x}_1) = (\eta_1, \eta_1^2, \eta_2, \eta_2^2, \eta_1\eta_2)^{\mathrm{T}}$$

$$\phi(\boldsymbol{x}_2) = (\xi_1, \xi_1^2, \xi_2, \xi_2^2, \xi_1\xi_2)^{\mathrm{T}}$$

因此,映射后的内积为:

$$\langle \phi(\boldsymbol{x}_1), \phi(\boldsymbol{x}_2) \rangle = \eta_1\xi_1 + \eta_1^2\xi_1^2 + \eta_2\xi_2 + \eta_2^2\xi_2^2 + \eta_1\eta_2\xi_1\xi_2$$

另外,我们又注意到:

$$(\langle \boldsymbol{x}_1, \boldsymbol{x}_2 \rangle + 1)^2 = 2\eta_1\xi_1 + \eta_1^2\xi_1^2 + 2\eta_2\xi_2 + \eta_2^2\xi_2^2 + 2\eta_1\eta_2\xi_1\xi_2 + 1$$

二者有很多相似的地方,事实上,我们只要把某几个维度线性缩放一下,然后再加上一个常数维度,现在定义新的映射:

$$\phi(\boldsymbol{x}_1) = (\sqrt{2}\eta_1, \eta_1^2, \sqrt{2}\eta_2, \eta_2^2, \sqrt{2}\eta_1\eta_2, 1)^{\mathrm{T}}$$

在新的映射下,二次曲线(2.31)还是五维空间的一个平面,即

$$\frac{\sqrt{2}}{2}a_1 z_1 + a_2 z_2 + \frac{\sqrt{2}}{2}a_3 z_3 + a_4 z_4 + \frac{\sqrt{2}}{2}a_5 z_5 + a_6 = 0$$

现在我们知道映射后的内积为

$$\langle \phi(\boldsymbol{x}_1), \phi(\boldsymbol{x}_2) \rangle = (\langle \boldsymbol{x}_1, \boldsymbol{x}_2 \rangle + 1)^2$$

于是,上述例子的核函数可以定义为

$$\kappa(\boldsymbol{x}_1, \boldsymbol{x}_2) = \langle \phi(\boldsymbol{x}_1), \phi(\boldsymbol{x}_2) \rangle = (\langle \boldsymbol{x}_1, \boldsymbol{x}_2 \rangle + 1)^2$$

我们把计算两个向量在隐式映射过后的空间中的内积的函数称为核函数。有了核函数,我们就不需要到映射后的高维空间中计算内积,而是直接在原来的低维空间中进行计算,也不需要显式地写出映射后的结果。

当然,因为上面的例子比较简单,所以我们很容易构造出映射 $\phi(\cdot)$ 的核函数,一般来说,对于任意一个映射,想要构造出对应的核函数是很困难的一件事,一般用下面的常用核

函数。

2.2.3　几个常用核函数

（1）线性核函数（Linear Kernel）：$\kappa(\boldsymbol{x},\boldsymbol{y})=\langle\boldsymbol{x},\boldsymbol{y}\rangle$。线性核函数实际上就是原始空间中的内积。不用再写一个线性的核函数，都统一到非线性情况。

（2）多项式核函数（Polynomial Kernel）：$\kappa(\boldsymbol{x},\boldsymbol{y})=\left[g\langle\boldsymbol{x},\boldsymbol{y}\rangle+c\right]^{d}$，其中 g，c，d 为参数。事实上，线性核函数就是多项式核函数的一种特例。

（3）径向基核函数（Radial Basis Function）：$\kappa(\boldsymbol{x},\boldsymbol{y})=\exp\left\{-g\|\boldsymbol{x}-\boldsymbol{y}\|^{2}\right\}$，其中 g 为参数。径向基核函数又称高斯核函数。

（4）双曲正切核函数（Sigmoid Kernel）：$\kappa(\boldsymbol{x},\boldsymbol{y})=\tanh\left(g\langle\boldsymbol{x},\boldsymbol{y}\rangle+c\right)$，其中 g,c 为参数。

通常根据问题和数据的不同，人们会从一些常用的核函数中选择（注意选择不同的参数，实际上就是得到了不同的核函数）。例如，我们刚才举的例子是多项式核函数的一个特例（$g=1$，$c=1$，$d=2$）。虽然比较麻烦，而且没有必要，不过这个核所对应的映射实际上是可以写出来的，该空间的维度是 $\binom{m+d}{d}$，其中 m 是原始空间的维度。

高斯核 $\kappa(\boldsymbol{x},\boldsymbol{y})=\exp\left\{-\dfrac{\|\boldsymbol{x}-\boldsymbol{y}\|^{2}}{2\sigma^{2}}\right\}$，这个核可以将原始空间映射为无穷维空间。不过，如果 σ 选得很大，高次特征上的权重实际上衰减得非常快，所以实际上（数值上近似一下）相当于一个低维的子空间；反过来，如果 σ 选得很小，则可以将任意的数据映射为线性可分。当然，这并不一定是好事，因为随之而来的可能是非常严重的过拟合问题。不过，总的来说，通过调控参数 σ，高斯核函数实际上具有相当高的灵活性，也是使用最广泛的核函数之一。图 2.9 表明，通过高斯核函数可以把低维线性不可分的数据集映射到高维空间后成为线性可分的数据集。

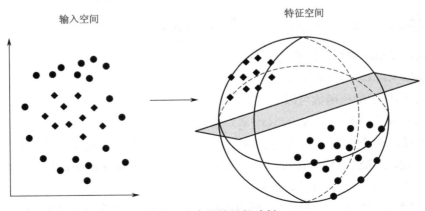

图 2.9　高斯核函数映射

对大多数情况而言,这四类核函数已经足以应付。此外,还可根据具体问题自行构造其他核函数。核函数的优势是避免了直接在高维空间中的复杂计算。

2.3　带有松弛变量 SVM

在 2.1 节最开始讨论支持向量机的时候,我们就假定数据是线性可分的,也就是说可以找到一个超平面将数据完全分开。为了处理非线性可分数据,使用核函数方法对原来的线性 SVM 进行推广,使得非线性的情况也能得到处理。虽然通过映射 $\phi(x)$ 将原始数据映射到高维空间之后,能够线性分隔的概率大大增加,但是对于某些情况还是很难处理。

其原因可能并不是因为数据本身是非线性结构的,而只是因为数据有噪声。对于偏离正常位置很远的数据点,我们称之为孤立点(Outlier)。在 SVM 模型中,超平面本身就是由少数几个支持向量组成的,而孤立点的存在有可能造成很大的影响,特别是当这些支持向量里又存在孤立点的话,其影响就很大了。如图 2.10 中用黑圈圈起来的那个点是一个孤立点,它偏离了自己原本所应该在的那个半空间,如果直接忽略掉它的话,原来的分隔超平面还是挺好的,但是由于这个孤立点的出现,导致该孤立点成为支持向量,从而超平面不得不被挤歪了,变成图中黑色虚线所示,且间隔也相应变小了。更极端的情况是,如果这个孤立点再往右偏移一些距离,那么数据集将不存在超平面。

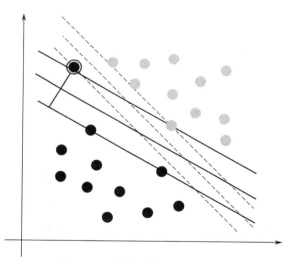

图 2.10　支持向量包括了孤立点

为了处理这种情况, SVM 允许数据点在一定程度上偏离一下超平面。如图 2.10 所示,黑色实线所对应的距离,就是该孤立点偏离的距离,如果把它移动回来,就刚好落在原来的灰色间隔边界上,而不会使超平面发生变形。

现在考虑到孤立点问题,原来的约束条件为

$$y_i(w^{\mathrm{T}}x_i + b) \geqslant 1, \quad i = 1, 2, \cdots, n$$

引入松弛变量 $\xi_i \geqslant 0$ (Slack Variable),约束条件变为

$$y_i(\boldsymbol{w}^{\mathrm{T}}\boldsymbol{x}_i + b) \geqslant 1 - \xi_i, \quad i = 1, 2, \cdots, n$$

其中，ξ_i 是对应数据点 $\boldsymbol{x}_i$ 允许偏离的函数间隔量。当然，如果我们使 ξ_i 任意大的话，那任意的超平面都是符合条件的。所以，我们在原来的目标函数后面加上一项，使得这些 ξ_i 的总和也要最小：

$$\min\left(\frac{1}{2}\|\boldsymbol{w}\|^2 + C\sum_{i=1}^{n}\xi_i\right)$$

其中，C 是一个参数，用于控制目标函数中两项（"寻找间隔最大的超平面"和"保证数据点偏差量最小"）之间的权重。注意，这里 C 是一个预先确定好的常量，而 ξ_i 是需要优化的变量之一。于是优化问题变为

$$\min\left(\frac{1}{2}\|\boldsymbol{w}\|^2 + C\sum_{i=1}^{n}\xi_i\right) \quad \text{s.t.} \quad y_i(\boldsymbol{w}^{\mathrm{T}}\boldsymbol{x}_i + b) \geqslant 1 - \xi_i, \quad i = 1, 2, \cdots, n$$

$$\xi_i \geqslant 0, \quad i = 1, 2, \cdots, n$$

将约束条件加入目标函数中，新的拉格朗日函数如下：

$$L(\boldsymbol{w}, b, \xi, \boldsymbol{\alpha}, \boldsymbol{\lambda}) = \frac{1}{2}\|\boldsymbol{w}\|^2 + C\sum_{i=1}^{n}\xi_i - \sum_{i=1}^{n}\alpha_i[y_i(\boldsymbol{w}^{\mathrm{T}}\boldsymbol{x}_i + b) - 1 + \xi_i] - \sum_{i=1}^{n}\lambda_i\xi_i$$

我们先让 L 对 $\boldsymbol{w}$、b 和 $\boldsymbol{\xi}$ 最小化得

$$\frac{\partial L}{\partial w_j} = w_j - \sum_{i=1}^{n}\alpha_i y_i x_i^j = 0, \quad j = 1, 2, \cdots, m$$

$$\frac{\partial L}{\partial b} = \sum_{i=1}^{n}\alpha_i y_i = 0$$

$$\frac{\partial L}{\partial \xi_i} = C - \alpha_i - \lambda_i = 0, \quad i = 1, 2, \cdots, n$$

将 w_j、$\alpha_i = C - \lambda_i$ 代回 $L(\boldsymbol{w}, b, \xi, \boldsymbol{\alpha}, \boldsymbol{\lambda})$ 并化简得到目标函数：

$$\max_{\alpha_i}\left(\sum_{i=1}^{n}\alpha_i - \frac{1}{2}\sum_{i=1}^{n}\sum_{j=1}^{n}\alpha_i\alpha_j y_i y_j \langle\boldsymbol{x}_i, \boldsymbol{x}_j\rangle\right)$$

该目标函数与没加松弛变量的目标函数是一样的，但是由于有 $\alpha_i = C - \lambda_i$ 且 $\lambda_i \geqslant 0$（拉格朗日乘子的条件要求），所以有 $\alpha_i \leqslant C$，于是对偶最优化问题可改写为

$$\max_{\alpha_i}\left(\sum_{i=1}^{n}\alpha_i - \frac{1}{2}\sum_{i=1}^{n}\sum_{j=1}^{n}\alpha_i\alpha_j y_i y_j \langle\boldsymbol{x}_i, \boldsymbol{x}_j\rangle\right) \quad \text{s.t.} \quad 0 \leqslant \alpha_i \leqslant C, \quad i = 1, 2, \cdots, n \qquad (2.34)$$

$$\sum_{i=1}^{n}\alpha_i y_i = 0$$

与前面的方法对比，可以看到唯一的区别就是现在的对偶变量 α_i 多了一个上限 C。如果要用到核函数的话，只要把 $\langle\boldsymbol{x}_i, \boldsymbol{x}_j\rangle$ 换成核函数 $\kappa(\boldsymbol{x}_i, \boldsymbol{x}_j)$ 即可。到此，一个能够容忍噪声的支持向量机模型为

$$\max_{\alpha_i}\left(\sum_{i=1}^{n}\alpha_i - \frac{1}{2}\sum_{i=1}^{n}\sum_{j=1}^{n}\alpha_i\alpha_j y_i y_j \kappa_{ij}\right) \quad \text{s.t.} \quad 0 \leqslant \alpha_i \leqslant C, \quad i = 1, 2, \cdots, n \qquad (2.35)$$

$$\sum_{i=1}^{n}\alpha_i y_i = 0$$

综上所述，SVM 本质上是一个分类方法，用 $\boldsymbol{w}^{\mathrm{T}}\boldsymbol{x}+b$ 定义分类函数，目的是求 $\boldsymbol{w},b$。为寻找最大间隔，引出 $\frac{1}{2}\|\boldsymbol{w}\|^2$，继而引入拉格朗日乘子，化为对拉格朗日乘子 $\boldsymbol{\alpha}$ 的求解（求解过程中会涉及一系列最优化或凸二次规划等问题）。为了处理非线性可分数据集，若直接映射到高维计算恐产生维度爆炸，故通过核函数在低维计算，结果在高维可用。最后，求超平面的系数 $\boldsymbol{w},b$ 与求拉格朗日乘子 $\boldsymbol{\alpha}$ 是等价的，而 $\boldsymbol{\alpha}$ 的求解可以用一种快速学习算法 SMO。

2.4　对偶最优化问题的 SMO 算法概述

SMO 算法的主要思想来自文献 [11]。对偶最优化问题（2.35）等价于求下面优化问题[11]：

$$\min_{\alpha_i}\left(\frac{1}{2}\sum_{i=1}^{n}\sum_{j=1}^{n}\alpha_i\alpha_j y_i y_j \kappa_{ij} - \sum_{i=1}^{n}\alpha_i\right) \quad \text{s.t.} \quad 0 \le \alpha_i \le C, \quad i=1,2,\cdots,n$$

$$\sum_{i=1}^{n}\alpha_i y_i = 0$$

（2.36）

的解 $\boldsymbol{\alpha} = (\alpha_1,\alpha_2,\cdots,\alpha_n)^{\mathrm{T}}$。

首先定义特征到结果的输出函数：

$$\boldsymbol{u} = \boldsymbol{w}^{\mathrm{T}}\boldsymbol{x} - b$$

这里 $\boldsymbol{u}$ 与我们之前定义的 $f(\boldsymbol{x}) = \boldsymbol{w}^{\mathrm{T}}\boldsymbol{x}+b$ 实质是一样的。

为了求解这些乘子 α_i，每次从 $\boldsymbol{\alpha}$ 中任意抽取两个乘子如 α_1 和 α_2，然后固定其他乘子 $(\alpha_3,\alpha_4,\cdots,\alpha_n)$。这样目标函数只是关于 α_1 和 α_2 的函数，我们称为子问题的目标函数。如果不断地从一堆乘子中任意抽取两个求解，经过迭代求解子问题，最终达到求解原问题的目的。

为了方便，记

$$\psi = \frac{1}{2}\sum_{i=1}^{n}\sum_{j=1}^{n}\alpha_i\alpha_j y_i y_j \kappa_{ij} - \sum_{i=1}^{n}\alpha_i$$

其中，$\kappa_{ij} = \kappa(\boldsymbol{x}_i,\boldsymbol{x}_j)$。于是对偶问题的子问题的目标函数可以表达为

$$\begin{aligned}
\psi &= \frac{1}{2}\sum_{i=1}^{n}\sum_{j=1}^{n}\alpha_i\alpha_j y_i y_j \kappa_{ij} - \sum_{i=1}^{n}\alpha_i \\
&= \frac{1}{2}\kappa_{11}\alpha_1^2 + \frac{1}{2}\kappa_{22}\alpha_2^2 + y_1 y_2 \kappa_{12}\alpha_1\alpha_2 + \alpha_1 y_1 \sum_{j=3}^{n}\alpha_j y_j \kappa_{1j} + \alpha_2 y_2 \sum_{j=3}^{n}\alpha_j y_j \kappa_{2j} - \\
&\quad \alpha_1 - \alpha_2 + \sum_{i=3}^{n}\sum_{j=3}^{n}\alpha_i\alpha_j y_i y_j \kappa_{ij} - \sum_{i=3}^{n}\alpha_i
\end{aligned}$$

其中，$\kappa_{ij} = \kappa(\boldsymbol{x}_i,\boldsymbol{x}_j)$。

由输出函数令：

$$u_i = \boldsymbol{w}^{\mathrm{T}} \boldsymbol{x}_i + b = \sum_{j=1}^{n} \alpha_j y_j \boldsymbol{x}_j \boldsymbol{x}_i + b = \sum_{j=1}^{n} \alpha_j y_j \kappa_{ij} + b$$

于是令

$$v_i = \sum_{j=3}^{n} \alpha_j y_j \kappa_{ij} = u_i + b - \alpha_1 y_1 \kappa_{i1} - \alpha_2 y_2 \kappa_{i2}$$

所以有

$$\psi = \frac{1}{2} \kappa_{11} \alpha_1^2 + \frac{1}{2} \kappa_{22} \alpha_2^2 + y_1 y_2 \kappa_{12} \alpha_1 \alpha_2 + \alpha_1 y_1 v_1 + \alpha_2 y_2 v_2 - \alpha_1 - \alpha_2 + D \tag{2.37}$$

其中, $D = \sum_{i=3}^{n} \sum_{j=3}^{n} \alpha_i \alpha_j y_i y_j \kappa_{ij} - \sum_{i=3}^{n} \alpha_i$, 因 α_1、α_2 以外的乘子是固定的, 故 D 是常数。

为了解决这个问题, 最重要的是每次如何选取 α_1 和 α_2。实际上, 其中一个乘子是违反 KKT 条件最严重的, 另外一个乘子则由另一个约束条件选取。

根据 KKT 条件(3), α_i 必须满足以下 3 个条件:

(1) $\alpha_i = 0 \Leftrightarrow y_i u_i \geqslant 1$;

(2) $0 < \alpha_i < C \Leftrightarrow y_i u_i = 1$;

(3) $\alpha_i = C \Leftrightarrow y_i u_i \leqslant 1$。

这里的 α_i 还是拉格朗日乘子。

对于第(1)种情况, 表明 α_i 是正常分类, 在间隔边界外部(我们知道正确分类的点 $y_i f(\boldsymbol{x}_i) \geqslant 0$)。

对于第(2)种情况, 表明 $\boldsymbol{x}_i$ 是支持向量, 在间隔边界上。

对于第(3)种情况, 表明 $\boldsymbol{x}_i$ 在两条间隔边界之间。

而以下几种情况出现, 将会出现不满足 KKT 条件(3):

(1) $y_i u_i \leqslant 1$, 但是 $\alpha_i < C$ 则是不满足的, 而原本 $\alpha_i = C$;

(2) $y_i u_i \geqslant 1$, 但是 $\alpha_i > 0$ 则是不满足的, 而原本 $\alpha_i = 0$;

(3) $y_i u_i = 1$, 但是 $\alpha_i = 0$ 或者 $\alpha_i = C$ 则是不满足的, 而原本应该是 $0 < \alpha_i < C$。

也就是说, 如果存在不满足 KKT 条件的 α_i, 那么需要更新这些 α_i, 这是第一个约束条件。此外, 更新的同时还要受到第二个约束条件的限制, 即 $\sum_{i=1}^{n} \alpha_i y_i = 0$。

因此, 如果假设选择的两个乘子 α_1 和 α_2, 它们在更新之前分别记为是 α_1^{old}、α_2^{old}, 而更新之后分别记为 α_1^{new}、α_2^{new}。为了能保证 $\sum_{i=1}^{n} \alpha_i y_i = 0$, 那么更新前后的值需要满足以下等式:

$$\alpha_1^{\text{new}} y_1 + \alpha_2^{\text{new}} y_2 = \alpha_1^{\text{old}} y_1 + \alpha_2^{\text{old}} y_2 = \varsigma \tag{2.38}$$

其中, ς 是一个常数。

两个乘子不好同时求解, 所以可先求第二个乘子 α_2 的解 α_2^{new}, 再根据上式可以求出 α_1 的解 α_1^{new}。

为了求解 α_2^{new}, 要先确定 α_2^{new} 的取值范围。假设它的上下边界分别为 H 和 L, 那么有:

$$L \leqslant \alpha_2^{\text{new}} \leqslant H$$

下面综合考虑 $0 \leqslant \alpha_i \leqslant C$（ $i=1,2,\cdots,n$ ）和式（2.38）这两个约束条件，求取 α_2^{new} 的取值范围。

（1）当 $y_1=1$，$y_2=-1$ 时，根据式（2.38）可得 $\varsigma = \alpha_1^{\text{old}} - \alpha_2^{\text{old}}$，于是有

$$\alpha_2^{\text{new}} = -\varsigma + \alpha_1^{\text{new}}$$

又由于 $0 \leqslant \alpha_i^{\text{new}} \leqslant C$，所以有 $L = \max(0, -\varsigma)$，$H = \min(C, C-\varsigma)$，如图 2.11 所示。

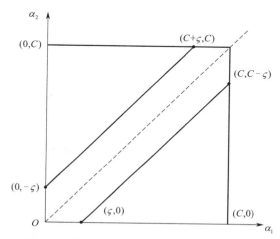

图 2.11　第一种情况上下边界 H 和 L 的范围

（2）当 $y_1 = y_2 = 1$ 时，同样根据式（2.38）可得可得 $\varsigma = \alpha_1^{\text{old}} + \alpha_2^{\text{old}}$，于是有

$$\alpha_2^{\text{new}} = \varsigma - \alpha_1^{\text{new}}$$

所以有 $L = \max(0, \varsigma - C)$，$H = \min(C, \varsigma)$，如图 2.12 所示。

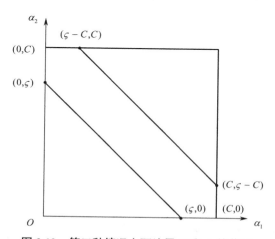

图 2.12　第二种情况上下边界 H 和 L 的范围

根据 y_1 和 y_2 异号或同号，我们可得出 α_2^{new} 的上下边界分别为

$$\begin{cases} L=\max(0,\alpha_2^{\text{old}}-\alpha_1^{\text{old}}), & H=\min(C,C+\alpha_2^{\text{old}}-\alpha_1^{\text{old}}) & y_1 \neq y_2 \\ L=\max(0,\alpha_2^{\text{old}}+\alpha_1^{\text{old}}-C), & H=\min(C,\alpha_2^{\text{old}}+\alpha_1^{\text{old}}) & y_1 = y_2 \end{cases}$$

回顾下第二个约束条件 $\alpha_1^{\text{new}}y_1+\alpha_2^{\text{new}}y_2=\alpha_1^{\text{old}}y_1+\alpha_2^{\text{old}}y_2=\varsigma$ ，令上式两边乘以 y_1 ，可得

$$\alpha_1^{\text{new}}+\alpha_2^{\text{new}}y_2y_1=\alpha_1^{\text{old}}+\alpha_2^{\text{old}}y_2y_1=\varsigma y_1$$

记 $\alpha_1=\alpha_1^{\text{new}}$ ， $\alpha_2=\alpha_2^{\text{new}}$ ， $\alpha_1^*=\alpha_1^{\text{old}}$ ， $\alpha_2^*=\alpha_2^{\text{old}}$ ，则

$$\alpha_1+s\alpha_2=\alpha_1^*+s\alpha_2^*=\omega \text{ , } s=y_1y_2$$

而

$$\alpha_1+s\alpha_2+y_1\sum_{i=3}^{n}\alpha_i^*y_i=0$$

所以 $$\omega=-y_1\sum_{i=3}^{n}\alpha_i^*y_i$$

因此 α_1 可以用 α_2 表示， $\alpha_1=\omega-s\alpha_2$ ，从而把子问题的目标函数转换为只含 α_2 的问题，所以由式（2.37）可得

$$\psi = \frac{1}{2}\kappa_{11}(\omega-s\alpha_2)^2+\frac{1}{2}\kappa_{22}\alpha_2^2+y_1y_2\kappa_{12}(\omega-s\alpha_2)\alpha_2+$$
$$(\omega-s\alpha_2)y_1v_1+\alpha_2y_2v_2-\omega+s\alpha_2-\alpha_2+D$$

对 α_2 求导，可得

$$\frac{\mathrm{d}\psi}{\mathrm{d}\alpha_2}=-s\kappa_{11}(\omega-s\alpha_2)+\kappa_{22}\alpha_2+\kappa_{12}(s\omega-2\alpha_2)-sy_1v_1+y_2v_2+s-1=0$$

化简得

$$(\kappa_{11}+\kappa_{22}-2\kappa_{12})\alpha_2=s(\kappa_{11}-\kappa_{12})\omega+y_2(v_2-v_1)+1-s$$

注意 $s=y_1y_2$ ， $s^2=1,sy_1=y_2$ 。

然后将 $s=y_1y_2$ ， $\alpha_1+s\alpha_2=\alpha_1^*+s\alpha_2^*=\omega$ ， $v_i=\sum_{j=3}^{n}\alpha_jy_j\kappa_{ij}=u_i+b-\alpha_1^*y_1\kappa_{i1}-\alpha_2^*y_2\kappa_{i2}$ 代入上式得到

$$(\kappa_{11}+\kappa_{22}-2\kappa_{12})\alpha_2^{\text{new}}=(\kappa_{11}+\kappa_{22}-2\kappa_{12})\alpha_2^{\text{old}}+y_2(u_2-u_1+y_2-y_1)$$

注意到 $\kappa_{12}=\kappa_{21}$ 。

记

$$\varepsilon_i = u_i - y_i$$

表示输出函数（预测值）与真实值之差。

于是得到一个关于单变量 α_2 的解

$$\alpha_2^{\text{new}*}=\frac{(\kappa_{11}+\kappa_{22}-2\kappa_{12})\alpha_2^{\text{old}}+y_2(\varepsilon_2-\varepsilon_1)}{\kappa_{11}+\kappa_{22}-2\kappa_{12}}$$

但是这个解没有考虑其约束条件 $0\leqslant\alpha_2\leqslant C$ ，即是未经剪辑的解。

现在，我们考虑约束 $0\leqslant\alpha_2\leqslant C$ ，即经过剪辑后的 α_2^{new} 的解析解为

$$\alpha_2^{\text{new}} = \begin{cases} H, & \alpha_2^{\text{new*}} > H \\ \alpha_2^{\text{new*}}, & L \leqslant \alpha_2^{\text{new*}} \leqslant H \\ L, & \alpha_2^{\text{new*}} < L \end{cases}$$

一旦求出了 α_2^{new}，便可以由 $\alpha_1^{\text{new}} + \alpha_2^{\text{new}} y_2 y_1 = \alpha_1^{\text{old}} + \alpha_2^{\text{old}} y_2 y_1$ 求出 α_1^{new}。

每次更新完两个乘子后，都需要再重新计算 b 及对应的 ε_i 值。下面是更新 b 的过程。

由于有了 $0 \leqslant \alpha_2^{\text{new}} \leqslant C$，而 α_i^{new} 的范围我们前面就限定为 $0 \leqslant \alpha_1^{\text{new}} \leqslant C$。那么有了新的 α_1^{new}，α_2^{new}，就可以根据式（2.22）更新 $\boldsymbol{w}$，即

$$w_j = \sum_{i=1}^{n} \alpha_i y_i x_i^j, \quad j = 1, 2, \cdots, m$$

我们知道，如果 $\alpha_1^{\text{new}} \neq 0$ 时，由 KKT 条件（3）必须有

$$y_1(\boldsymbol{w}^{\mathrm{T}} \boldsymbol{x}_1 + b) = y_1\left(\alpha_1 y_1 \kappa_{11} + \alpha_2 y_2 \kappa_{12} + \sum_{j=3}^{n} \alpha_j y_j \kappa_{ij} + b\right) = 1$$

即

$$\alpha_1^{\text{new}} y_1 \kappa_{11} + \alpha_2^{\text{new}} y_2 \kappa_{12} + \sum_{j=3}^{n} \alpha_j y_j \kappa_{ij} + b_1^{\text{new}} = y_1$$

而对于 α_1^{old} 有

$$\alpha_1^{\text{old}} y_1 \kappa_{11} + \alpha_2^{\text{old}} y_2 \kappa_{12} + \sum_{j=3}^{n} \alpha_j y_j \kappa_{ij} + b_1^{\text{old}} = u_1$$

上面两式相减得

$$b_1^{\text{new}} = b_1^{\text{old}} - \varepsilon_1 - y_1(\alpha_1^{\text{new}} - \alpha_1^{\text{old}})\kappa_{11} - y_2(\alpha_2^{\text{new}} - \alpha_2^{\text{old}})\kappa_{12}$$

同理，如果 $\alpha_2^{\text{old}} \neq 0$，可以得到

$$b_2^{\text{new}} = b_2^{\text{old}} - \varepsilon_2 - y_1(\alpha_1^{\text{new}} - \alpha_1^{\text{old}})\kappa_{12} - y_2(\alpha_2^{\text{new}} - \alpha_2^{\text{old}})\kappa_{22}$$

由上可知，每次都有两个 b，那么到底用哪个 b，就看变换后的哪个 α 在 $0 \sim C$，即

$$b = \begin{cases} b_1, & 0 < \alpha_1^{\text{new}} < C \\ b_2, & 0 < \alpha_2^{\text{new}} < C \\ (b_1 + b_2)/2, & \text{其他} \end{cases}$$

至此我们可以说，简单的、线性的、带有松弛条件（可以容错的）的整个 SMO 算法就完了，剩下的就是循环，选择两个乘子，看是否需要更新（如果不满足 KKT 条件），不需要再选，需要就更新。一直到程序循环很多次都没有选择到两个不满足 KKT 条件的点，也就是所有的点都满足 KKT 条件，那么就大功告成了。如何选择乘子 α_1 和 α_2 呢？对于 α_1，即第一个乘子，可以通过刚刚说的那 3 种不满足 KKT 条件的数据中找；而对于第二个乘子 α_2，可以寻找满足条件 $\max|\varepsilon_i - \varepsilon_j|$ 的乘子。

最后更新 α_i 和 b，这样模型就出来了，从而可求出前面提出的分类函数：

$$f(\boldsymbol{x}) = \sum_{i=1}^{n} \alpha_i y_i \boldsymbol{x}_i^{\mathrm{T}} \boldsymbol{x} + b = \sum_{i=1}^{n} \alpha_i y_i \langle \boldsymbol{x}_i, \boldsymbol{x} \rangle + b$$

或　　　　$f(\boldsymbol{x}) = \sum_{i=1}^{n} \alpha_i y_i \kappa(\boldsymbol{x}_i, \boldsymbol{x}) + b$

2.5　损失函数

　　支持向量机是基于统计学习理论的一种机器学习方法,通过寻求结构化风险最小来提高学习机泛化能力,实现经验风险和置信范围的最小化,从而达到在统计样本量较少的情况下,亦能获得良好统计规律的目的。但什么是结构风险,什么又是经验风险呢。要了解这两种所谓的"风险",还要又从监督学习说起。

　　监督学习实际上就是一个经验风险或者结构风险函数的最优化问题。平均意义下模型预测的好坏用风险函数度量,模型每一次预测的好坏用损失函数来度量。它从假设空间 F 中选择模型 f 作为决策函数,对于给定的输入 X, 由 $f(X)$ 给出相应的输出,这个输出的预测值 $f(X)$ 与真实值 Y 可能一致,也可能不一致,我们用一个损失函数来度量预测错误的程度。这个损失函数记为 $L(Y, f(X))$。

　　常用的损失函数有以下几种。

　　(1)0-1 损失函数:

$$L(Y, f(X)) = \begin{cases} 1 & Y \neq f(X) \\ 0 & Y = f(X) \end{cases}$$

　　(2)平方损失函数:

$$L(Y, f(X)) = (Y - f(X))^2$$

　　(3)绝对损失函数:

$$L(Y, f(X)) = |Y - f(X)|$$

　　(4)对数损失函数:

$$L(Y, P(Y|X)) = -\log P(Y|X)$$

　　对一个给定的训练数据集

$$T = \{(x_1, y_1), (x_2, y_2), \cdots, (x_N, y_N)\}$$

模型 $f(X)$ 关于训练数据集的平方损失称为经验风险,公式如下:

$$R_{\mathrm{emp}}(f) = \frac{1}{N} \sum_{i=1}^{N} L(y_i, f(x_i))$$

　　关于如何选择模型,监督学习一般有两种策略:其一是经验风险最小化;其二是结构风险最小化。经验风险最小化策略认为经验风险最小化就是最优模型。但是,在样本较少时,容易产生过拟合现象。解决过拟合现象的方法就是引入结构风险最小化模型。

2.6　支持向量机实现步骤

　　假设已知的数据样本 Data 由 n 个自变量 $(x_1, x_2, \cdots, x_n)$ 和 1 个因变量 Y(类别变量)组成。SVM 分类预测的过程大概是这样的,首先将已有的数据样本 Data 分成两部分,其一是训练样本 Data1,其二是验证样本 Data2。而对于未知数据即预测样本 Data3,则只有 n 个自变量,其类别变量 Y 是待确定的;其次通过对训练样本进行训练,得到训练模型,接着再用验证样本验证训练模型的有效性;最后对未知预测样本进行实际预测。验证模型有效性时,假设验证样本的 Y 未知,通过独立预测得到验证样本的类别变量的预测值,再与验证样本实际 Y 值进行比较,以预测精度的高低判断训练模型的合理性,也可以用前面的平方损失公式计算验证样本 Data2 的经验风险,最后选取合理的训练模型对预测样本进行实际预测,其过程如图 2.13 所示。

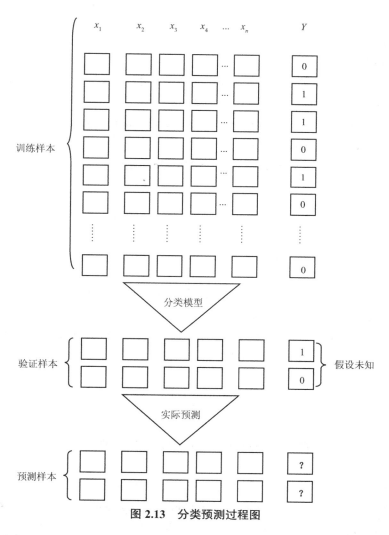

图 2.13　分类预测过程图

SVM 程序都由自编的 MATLAB 程序调用工具箱 LIBSVM2.9,对于不同的训练样本选取适合的核函数。SVM 训练预测步骤如下。

（1）根据训练样本大小以 n-fold 交叉验证进行核函数参数寻优。

function [bestc，bestg，bestp，bestmse]=mygridr_mex(training_label_vector, training_instance_matrix,v,canshu_std)

```
if nargin < 4
    canshu_std=' -s 3 -t 2';
end
if nargin < 3
    v=10; % n=10  cross valiation
end
bestmse = realmax;
for log2c =-1:12
    for log2g =8:-1:-6
        for log2p =-6:8
            train_canshu=[' -c ', num2str( 2^log2c ), ' -g ', num2str( 2^log2g ), ' -p ',
num2str( 2^log2p ),' -v ',num2str( v ),' ',canshu_std];
            mse=svm_train( training_label_vector, training_instance_matrix,train_canshu );
            if( mse < bestmse )
                bestmse = mse; bestc = 2^log2c; bestg = 2^log2g;bestp=2^log2p;
            end
        end
    end
end
end
```

（2）在最优核函数参数组合下，对训练样本经 svm-train 建模，该过程由 LIBSVM 工具箱封装的一个软件包 svm_train.mexa64 完成。

（3）通过 svmpredict 利用训练模型对测试样本进行预测，该过程由 LIBSVM 工具箱封装的一个软件包 svm_predict.mexa64 完成。

参考文献

[1]　VAPNIK V N. The nature of statistical learning theory[M]. New York：Springer Verlag Press，1995：267-279.

[2]　GHULAM J A，JAMAL H S，YASMIN M，et al. A novel machine learning approach for scene text extraction [J]. Future Generation Computer Systems，2018，82：328-340.

[3]　陈华榕,钱康来,王斌. 结合支持向量机和图割的视频分割 [J]. 计算机辅助设计与图形学学报,2017,29（8）:1389-1395.

[4]　MOZZONI D，GARAY M J，DAVIES R，et al. An operational MISR pixel classifier using support vector machines[J]. Remote Sensing of Environment，2007，107（1-2）:149-158.

[5]　叶明全,高凌云,万春圆. 基于人工蜂群和 SVM 的基因表达数据分类 [J]. 山东大学学报（工学版）,2018,48（3）:10-16.

[6] GAN L Z, LIU H K, SUN Y X. Sparse least squares support vector machine for function estimation[C]. Proceedings of the Third International Conference on Advance in Neural Networks, Borlin: Springer-Verlag, 2006, 3971: 1016-1021.

[7] 何大伟, 彭靖波, 胡金海, 等. 基于改进 FOA 优化的 CS-SVM 轴承故障诊断研究 [J]. 振动与冲击, 2018, 37(18): 108-114.

[8] 张弦, 王宏力, 张金生, 等. 状态时间序列预测的贝叶斯最小二乘支持向量机方法 [J]. 西安交通大学学报, 2010, 44(10): 42-46.

[9] WANG J P, CHEN Q S, CAO B G. Support vector machine based battery model for electric vehicles[J]. Energy　Conversion & Management, 2006, 47(7-8): 858-864.

[10] 张立卫. 最优化方法 [M]. 北京: 科学出版社, 2010.

[11] JULY. 支持向量机通俗导论: 理解 SVM 的三层境界. https: //blog.csdn.net/macyang/article/de. 2018.

[12] 欧阳光中, 朱学炎, 金福临, 等. 数学分析(下册)[M]. 北京: 高等教育出版社, 2013.

[13] 方逵, 朱幸辉, 刘华富. 二元凸函数的判别条件 [J]. 纯粹数学与应用数学, 2008, 24（ 1): 97-101.

[14] HU Y, FANG K, ZHU X H. Five-category classification prediction for "three rural" loan risk based on support vector machine[C]. International Conference on Software Engineering and Information Technology, 2016.

第3章　基于支持向量机的涉农贷款风险预测

我国是一个农业大国,"三农"问题一直是关系我国经济进步和社会稳定的大事。"三农"贷款是政府和银行合力推出的一项有助于"三农"发展的惠农政策,能在一定程度上推动农业的规模化、产业化发展。为使在"三农"贷款过程中农户和贷款银行达到双赢局面,促进"三农"贷款的可持续发展,本章通过支持向量机对中国农业银行某分行的"三农"贷款数据资料进行统计分析,进而对新的"三农"贷款申请对象进行两级分类,再对合格贷款人的"三农"贷款行为按信用风险程度进行五级分类,以期能较为高效地避免不良涉农贷款现象的发生,降低农业银行"三农"放贷的风险,促进中国农业银行和"三农"双赢发展。

3.1 "三农"贷款及风险分类

3.1.1 "三农"贷款概述

"三农"贷款是指由银行发放的用于农村经济发展、农业产业升级、农民致富以及农村基础设施建设的贷款。

"三农"贷款是我国农村金融研究的重要领域,研究的学者较多。田俊丽[1]在《中国农村金融体系重构:缓解农村信贷配给》一书中指出,目前农村贷款非常艰难,"三农"贷款难问题突出,致使农村资本形成不足,资金短缺制约农村经济发展,现有农村金融制度不能满足涉农领域日益复杂的多层次、多元化的金融需求,因此必须加快推进新农村建设,实现城乡协调发展,逐步消除二元经济结构,重构当前农村金融体系,完善农村信贷资金配置,缓解农村存在的严重"信贷配给"问题。

当前,我国农村金融体系还存在诸多问题,如:垄断性较高,缺乏竞争环境,一般为信用社、农业银行占据垄断地位,机构体系不丰富,缺乏多层次;农村信贷市场产品单一,整个市场的广度明显不足,市场覆盖面有待提高;农民信用意识较差,农村地区金融生态环境较差;相关政策法规不健全甚至缺失,农村金融法律空白领域较多。刘晓晨[2]站在农户和农业企业的角度分析了目前"三农"贷款难的原因,指出我国农村金融服务质量和效率还远不能满足农村经济社会发展和农民多元化金融服务的需求,进而说明了"三农"贷款分类管理的重要意义。

从查阅国外有关文献可知,"三农"贷款或"涉农贷款"这两个词在发达国家以及大多数发展中国家并不多见,在国外,"三农"贷款一般是指农业贷款。国外有一个共同点,政府一般都建立了符合本国国情的农业信贷政策和制度,与之相匹配的法律法规比较完善,为农业、农村发展融资提供法律和制度保证。德国农村金融组织体系是世界上创立时间最早的农村金融体系,其成就最大,世界各国纷纷效仿。从18世纪下叶开始德国就组建了土地抵押信用合作社,即举世闻名的所谓 Landschaften。发展至今,德国合作银行和信用社具有众多的分支机构广泛分布于农村地区,构成一个范围覆盖大、功能强大的农村金融网。德国合作金融组织体系是"金字塔"式的组织架构,最高层设有德国中央合作银行。德国农村地区的地方性合作银行规模不大,而且不以营利为目的,合作银行和信用社组成的农村金融组织体系为德国的农业发展贡献极大 [3]。美国是发达国家,其农业也相当发达 [4]。世界上第一部《农业信贷法》1916 年诞生于美国。经过近百年的发展,美国已经具备了较为完备的农业信贷服务体系。其农业信贷服务体系主要包括公立农业信贷机构和合作金融信贷机构等。韩国主要是采取倾斜政策,大力构建农村金融组织体系,最主要的组织是农业协同组合中央会,该组织受政府政策保护,储蓄利息比一般银行高,吸引了更多的农协组合成员参加储蓄,保证了农村金融资金需求,推动了农业现代化发展。印度作为一个发展中国家,从 20 世纪60 年代开始,就逐渐发展以合作性农业信贷机构为主体的农业信贷机构体系,政府通过实施贴息方式,实行有差别的贷款利率。日本农村金融发展得也很好,一是农业合作金融很好地发挥了支持农村发展的功能,因为三级农协系统和农林渔业金融公库发挥了很好的作用;二是政府大力支持农业发展(包括贴息、补偿损失、分散风险等);三是由于经济的快速发展,大量农村人口向城市转移,城乡二元经济基本不存在,城乡差别消除步伐不断加快。

综上所述,国外"三农"贷款发展一般都依靠政府的政策支持,通常进行利息补贴、风险补偿,并且建立了完善的农村金融服务体系,形成了以合作金融为主的强大的农村金融组织机构分布网络,"三农"贷款法律法规完善,为"三农"贷款提供了制度性支撑,这些做法和发展经验也可为我国制定"三农"贷款政策提供借鉴和参考。

3.1.2　"三农"贷款风险

世界银行将贷款风险分类描述为"银行根据观察到的贷款风险和贷款的其他相关特征,审查各项贷款,并将贷款分为几个档次的过程"。通过对贷款进行分类,制定并实施对应的放贷措施,并监控贷款的质量,在必要的时候采取补救措施,防止贷款质量恶化。

"三农"贷款风险也就是贷款对象的违约风险,指的是贷款对象未能按照合同按时履行其还款义务而给银行造成经济损失的风险,它是银行金融风险的主要类型,也是制约农户还款或收入来源、影响农户贷款区域性风险的主要方面。"三农"贷款信用风险具有四个主要特征:①客观性,不以人的意志为转移;②传染性,一个或少数信用主体经营困难或破产就会导致信用链条的中断和整个信用秩序的紊乱;③可控性,其风险可以通过控制降到最低;④周期性,信用扩张与收缩交替出现。

贷款风险是可以度量的,具有可测性,通过综合考查一些因素,在贷款发放之前或之后,可测算出贷款本息按期收回的概率。所谓贷款风险度,就是指衡量贷款风险程度大小的尺度,贷款风险度是一个可以测算出来的具体的量化指标,它通常大于 0 且小于 1。贷款风险度越大,说明贷款本息按期收回的可能性越小;贷款风险度越小,说明贷款本息按期收回的可能性越大。

中国人民银行参照国际惯例,结合中国国情,于 1998 年制定了《贷款分类指导原则》,

规定商业银行要依据借款人的实际还款能力进行贷款质量的五级分类,具体按风险程度将贷款划分为正常、关注、次级、可疑、损失五类,后三类为不良贷款。

1. 正常贷款

借款人能够履行合同,一直能正常还本付息,不存在任何影响贷款本息及时全额偿还的消极因素,银行对借款人按时足额偿还贷款本息有充分把握。正常贷款损失的概率为 0。

2. 关注贷款

尽管借款人目前有能力偿还贷款本息,但存在一些可能对偿还贷款本息产生不利影响的因素,如这些因素继续发展下去,借款人的偿还能力会受到影响。关注贷款损失的概率不会超过 5%。

3. 次级贷款

借款人的还款能力出现明显问题,完全依靠其正常营业收入无法足额偿还贷款本息,需要通过处分资产或对外融资乃至执行抵押担保来还款付息次级贷款损失的概率在 30%~50%。

4. 可疑贷款

借款人无法足额偿还贷款本息,即使执行抵押或担保,也肯定要造成一部分损失,只是因为存在借款人重组、兼并、合并、抵押物处理和未决诉讼等待定因素,损失金额的多少还不能确定。可疑贷款损失的概率在 50%~75%。

5. 损失贷款

借款人已无偿还本息的可能,无论采取什么措施和履行什么程序,贷款都注定要损失,或者虽然能收回极少部分,但其价值也是微乎其微,从银行的角度看,也没有意义和必要再将其作为银行资产在账目上保留下来。对于这类贷款在履行了必要的法律程序之后应立即予以注销,其贷款损失的概率在 75%~100%。

3.1.3 "三农"贷款风险分类预测研究概述

20 世纪 90 年代以来,数据挖掘技术作为新一代数据库分析的工具和技术,在国外银行的客户关系分类中得到了广泛的应用,其应用效果也得到了充分的肯定。Tillett 等 [5] 认为数据挖掘优化了银行客户关系管理(Customer Relationship Management)的服务功能,可以为客户服务提供准确的参考信息,提高对客户事务处理的能力。Groth[6] 认为集成有数据挖掘技术的营销辅助工具可以提供高精确度的模式识别和预测功能,使商业人员能够有效地策划和开展营销活动。在开展理论研究的同时,国外的许多研发机构结合银行实际情况开发了相关产品,并在银行业得到了广泛应用,如美国 HNC 公司开发了 Marksman 数据挖掘工具,而 Firstart 银行使用该工具根据客户的消费模式预测何时为客户提供何种产品等。21世纪初期,支持向量机模型在统计分析领域开始应用,并迅速深入各行各业,特别是在银行信贷风险评估和贷款分类方面得到了较好的应用。Jha 等 [7] 对印度小额贷款案例进行了分析,研究结果表明:贷款人文化程度、贷款人家庭收支状况、贷款人固定资产合计、贷款人耐用消费品合计、贷款人信用状况对贷款人的法律约束力是小额贷款风险的影响因素。周振

华 [8] 在认真分析了我国商业银行信用风险成因的基础上，从贷款企业风险因素、银行风险因素和《新巴塞尔协议》强调的风险因素三个方面进行了信用风险因素分析，并将企业的现金流量分析纳入指标体系中，建立了一个由 23 个指标组成的信用风险评价的指标体系，然后建立了基于模糊积分的集成支持向量机模型，对商业银行的信贷风险进行分类预测，并验证了其预测准确性和模糊神经网络等方法。刘春元 [9] 选择资产负债率、流动比率等 12 个关键数据作为银行贷款分类的影响因子，用支持向量机对银行贷款按照中国人民银行新引入的五级分类标准进行分类，分类结果较为理想。程砚秋 [10] 利用支持向量机模型对农户小额贷款信用等级进行客观评价，并以此作为农户小额贷款放贷的决策依据，既降低了银行对农户小额贷款放贷的风险，又有利于"三农"问题的解决。通过分析大量文献发现，国内外对"三农"贷款风险分类预测的研究较为鲜见，且对影响"三农"贷款风险的影响因素的选定较为主观、笼统，缺乏客观、科学的依据。

我们首先通过综合考虑"三农"贷款对象的客观实际情况，利用支持向量机模型对贷款人进行"合格"和"不合格"二分类定性，并进一步利用支持向量机模型对贷款人的贷款风险进行正常、关注、次级、可疑、损失五级分类，为银行最终放贷决策提供科学、保险的依据。一方面，提高"三农"贷款的进度，降低农户的时间损失；另一方面，也可以降低银行的放贷风险，使贷款农户和银行之间建立互利互信的生态金融环境。

3.2 "三农"贷款及风险分类预测

3.2.1 基于支持向量机的"三农"贷款客户二分类

客户分类（Customer Segmentation）的概念最早由美国的市场学家温德尔·史密斯于 1956 年提出，它是指企业根据客户属性将客户群体分成若干个子客户群体的过程，细分之后不同客户群体之间的差异最大化，而同一类客户群体尽可能相似。

早期的客户分类方法都是定性分类，如 ABC 分类方法、因素组合分类法等，定性方法操作简单、快速，成本低，结果直观形象，具有一定的实际参考价值，但是定性方法理论基础不严谨，分类结果不精确，难以作为客户分类决策的直接支撑。客户分类的定量分析兴起于 2000 年前后，最早的定量分析方法即客户成本贡献率分类法曾经风靡一时，但是该方法只体现了客户在某一个时间节点上的价值，而没有挖掘客户的潜在价值，因此实际推广效果并不太理想。随着机器学习理论被提出，涌现出了大量的模式识别方法，其中人工神经网络最受关注。

人工神经网络（Artificial Neural Networks，ANN）是模拟人脑神经系统处理复杂信息过程的模式识别工具，ANN 强大的非线性映射能力确保了其能很好地完成各种简单或复杂的分类过程，而反向传播神经网络（Back-Propagation Neural Network，BPNN）[11] 是最具代表性也是应用最为广泛的神经网络模型，它在银行客户分类研究中也发挥了重要作用。韩明华 [12] 利用反向传播神经网络和主成分分析法，对零售业消费者的客户类型进行了细分，达到了较好的分类预测效果。反向传播神经网络具有超强的大规模并行处理能力和良好的自适应性,预测效果相对于传统客户分类方法具有很大程度的提高,但是其内部结构非常复杂,操作烦琐,分类处理过程需要花费一定时间,最关键的是其容易陷入局部最优,泛化推广能力不佳。

支持向量机对银行客户进行分类的主要理论就是基于已知数据的训练,推断该数据集的函数依赖模型,进一步判断和预测未知数据的类型[13]。支持向量机基于机构风险最小化原则要求分类间隔距离最大,分类子集最集中,这与客户分类的需求不谋而合[14]。

3.2.2　数据来源

从中国农业银行长沙市分行的客户关系管理档案捕捉到的"三农"贷款客户资料中随机抽取整理了 500 个客户的数据资料,剔除其中的姓名、身份证号等与挖掘无关的属性之后,留下 9 个自变量属性和 1 个因变量属性,分别是性别 X_1、年龄 X_2、户籍地 X_3、涉农性质 X_4、受教育程度 X_5、月收入 X_6(元)、存款余额 X_7(元)、贷款情况 X_8(元)、家庭成员数 X_9(个)和客户类型 Y。其中,月收入、存款余额、贷款情况和家庭成员数这四个属性属于数值型数据,而其他属性则为非数值型数据。非数值型数据可以转换成离散的数值型数据,描述情况见表 3.1。

表 3.1　非数值型数据和数值型数据的转换对应关系

性别		年龄		户籍地		涉农性质		受教育程度		客户类型	
男	1	0~20	0	长沙市	1	小农户	0	博士以上	0	合格	1
女	0	21~30	1	非长沙市	0	大农户	1	博士	1	不合格	0
		31~40	2			国有企业	2	硕士	2		
		41~50	3			民营企业	3	本科	3		
		51~60	4			外资企业	4	大专	4		
		60 以上	5			其他	5	中专	5		
								高中	6		
								初中及以下	7		

3.2.3　主成分分析法

主成分分析是指把多个原始指标重新组合转化为少数几个新的互无关联的综合指标的数据处理过程,"降维"是主成分分析的基本思想。主成分分析的目的就是从这些高维变量中简化出少数几个既无信息重叠又能最大限度覆盖原始指标所有信息量的综合因子[15]。

假设数据 A 中有 n 个样本, m 个自变量 $X_1,X_2,\cdots,X_m$。首先通过主成分分析将 m 个自变量综合成 n 个主分量 $Y_i(i=1,2,\cdots,n)$,即

$$
\begin{cases}
Y_1 = a_{11}X_1 + a_{12}X_2 + \cdots + a_{1m}X_m \\
Y_2 = a_{21}X_1 + a_{22}X_2 + \cdots + a_{2m}X_m \\
\quad\vdots \\
Y_n = a_{n1}X_1 + a_{n2}X_2 + \cdots + a_{nm}X_m
\end{cases}
\tag{3.1}
$$

其中 $a_{11}^2 + a_{22}^2 + \cdots + a_{nm}^2 = 1$，且遵循以下规则。

（1）各主分量 Y_i 之间互不相关。

（2）Y_i 根据式（3.1）中 X_1，X_2,$\cdots$,X_m 满足式的一切线性组合的方差进行排序，其中 Y_1 为方差最大者，称为第一主分量；Y_2 为方差次大者，称为第二主分量；依次类推。

（3）主分量通过以下步骤导出。

设 $\boldsymbol{X}=(X_1,X_2,\cdots,X_m)$，其协方差矩阵如下：

$$
\left(\sigma_{ij}\right)_{m\times m} = \left\{ E\left[\left(X_i - E(X_i)\right)\left(X_j - E(X_j)\right)^{\mathrm{T}}\right]\right\}_{m\times m}
\tag{3.2}
$$

设 $\boldsymbol{Y}=(Y_1,Y_2,\cdots,Y_m)^{\mathrm{T}}$，则有

$$
\boldsymbol{Y} = \boldsymbol{B}\boldsymbol{X}^{\mathrm{T}}
\tag{3.3}
$$

其中，$\boldsymbol{B}$ 为正交矩阵，即满足 $\boldsymbol{B}\boldsymbol{B}^{\mathrm{T}} = \boldsymbol{I}$，$\boldsymbol{I}$ 为单位矩阵。

再结合式（3.1）和式（3.2），可得出以下方差及协方差公式：

$$
\mathrm{Var}(Y_i) = \mathrm{Var}(\boldsymbol{B}_i\boldsymbol{X}) = \boldsymbol{B}_i\sum\boldsymbol{B}_i^{\mathrm{T}} \quad i=1,2,\cdots,n
\tag{3.4}
$$

$$
\mathrm{Cov}(Y_i,Y_j) = \mathrm{Cov}(\boldsymbol{B}_i\boldsymbol{X},\boldsymbol{B}_j\boldsymbol{X}) = \boldsymbol{B}_i\sum\boldsymbol{B}_j^{\mathrm{T}} \quad j=1,2,\cdots,n
\tag{3.5}
$$

第 i 个主分量：在约束条件 $\boldsymbol{B}_i\boldsymbol{B}_i^{\mathrm{T}} = \boldsymbol{I}$ 及 $\mathrm{Cov}(Y_i,Y_j) = 0$ 下，求 $\boldsymbol{B}_i^{\mathrm{T}}$ 使得 $\mathrm{Var}(Y_i)$ 达到最大，由此 $\boldsymbol{B}_i^{\mathrm{T}}$ 所确定的 $Y_i = \boldsymbol{B}_i\boldsymbol{X}$ 称为 $\boldsymbol{X}$ 的第 i 个主分量。

3.2.4　自变量筛选

数据标准化有助于 SVM 核函数参数的选取和训练速率的提高。首先将整个数据集自变量按列标准化到 [-1,1] 范围，数据标准化公式如下：

$$
x_i' = -1 + 2(x_i - x_{\min})/(x_{\max} - x_{\min})
\tag{3.6}
$$

其中，x_i' 为规格化后的数据，x_i 为原始数据，$x_{\max}$ 和 $x_{\min}$ 分别为 x_i 中的最大值和最小值。

根据相关系数分析方法，对"三农"贷款客户资料中随机抽取整理了 500 个客户数据资料（包括 9 个自变量 $X_i(i=1,2,\cdots,9)$ 和 1 个因变量 Y），通过 DPS6.55 对以上 9 个自变量 X_i 与 1 个因变量 Y 进行相关分析得到相关系数 R_{X_iY} 的绝对值 $|R|$ 如表 3.2 所示。

表 3.2　自变量与因变量的相关系数

$|R|$	X_1	X_2	X_3	X_4	X_5	X_6	X_7	X_8	X_9
Y	0.315 6	0.879 9	0.874 0	0.918 4	0.932 6	0.925 7	0.966 3	0.954 2	0.683 1

从表 3.2 可知，性别（X_1）属性对于"三农"贷款客户类型的影响较弱，属于冗余信息，

因此删除该属性,以余下 8 个自变量作为后续支持向量机分类的训练分析。

通过 DPS6.55 对"三农"贷款客户的 8 个自变量因子(经相关分析之后)进行主成分分析可知,自变量的输入顺序依次为年龄 X_2、户籍地 X_3、涉农性质 X_4、受教育程度 X_5、月收入 X_6(元)、存款余额 X_7(元)、贷款情况 X_8(元)、家庭成员数 X_9(个),结果如表 3.3 所示。

表 3.3 "三农"贷款客户类型影响因子主成分分析结果

	规格化特征向量							
	因子 1	因子 2	因子 3	因子 4	因子 5	因子 6	因子 7	因子 8
$x(1)$	0.375 1	0.080 2	-0.087 6	-0.324 6	0.033 4	-0.122 9	-0.746 4	-0.408 1
$x(2)$	0.371 7	-0.134 0	-0.135 9	0.522 6	-0.366 6	0.601 2	-0.025 1	-0.236 3
$x(3)$	0.372 4	0.042 2	-0.238 8	-0.592 9	-0.034 0	0.423 3	0.131 1	0.503 5
$x(4)$	0.348 3	0.837 6	0.456 3	0.133 6	-0.029 1	0.034 1	0.055 4	0.074 8
$x(5)$	0.373 3	-0.138 9	-0.081 6	0.288 2	-0.375 6	-0.560 8	-0.153 1	0.522 2
$x(6)$	0.375 7	0.023 3	-0.164 1	-0.216 3	-0.177 6	-0.351 5	0.623 1	-0.491 1
$x(7)$	0.317 4	-0.502 4	0.779 9	-0.110 6	0.140 9	0.051 6	0.061 5	-0.002 8
$x(8)$	0.173 6	-0.003 9	-0.258 3	0.331 7	0.818 6	-0.049 4	0.081 0	0.067 9
No.	特征值	百分率 (%)	累计百分率(%)					
1	7.035 3	87.941 3	87.941 3					
2	0.757 5	9.468 5	97.409 9					
3	0.163 5	2.043 2	99.453 1					
4	0.039 3	0.491 0	99.944 1					
5	0.003 1	0.038 8	99.982 9					
6	0.001 0	0.012 5	99.995 4					
7	0.000 2	0.000 3	99.995 7					
8	0.000 1	0.000 1	100.000 0					

由表 3.3 可以看出,第 1 主分量特征值的累计百分率已达到 87.941 3%,故可以认为第 1 主分量已经包含了影响"三农"贷款类型的全部信息。同时,由规格化特征向量也可以看出,第 1 主分量包含家庭成员数 X_9 的信息很少,故筛除影响因子家庭成员数 X_9,保留其他 7 个驱动因子进行后续分析。

3.2.5 支持向量机分类预测

支持向量机训练预测步骤如下。

(1)根据训练样本大小进行 10 次交叉验证,依据均方误差(Mean Squared Error,MSE)最小原则进行径向基核函数参数 c,g 寻优,c 是支持向量机核函数中损失函数的重要参数,g 是支持向量机核函数中 gamma 函数的重要参数。

[c,g,mse]=mygridr_mex(train_y,train_x,10,'-s 3 -t 2'); // 选取 mse 值最小的 c、g 组合

canshu=['-s',num2str(3),'-t',num2str(2), '-c',num2str(c),'-g',num2str(g)];

（2）在最优核函数参数组合下,对训练样本由工具 svm_train 建立预测模型 MODEL。

model=svm_train(train_y,train_x,canshu);

（3）通过工具 svm_predict 利用训练模型 MODEL 对验证样本进行验证预测。

predict=svm_predict(test_y,test_x,model);

（4）若经验证模型 MODEL 准确合理,则进一步对预测样本进行预测,反之则回到第（1）步重新进行核函数参数寻优,直至获得合理的 MODEL 为止。

（5）通过工具 svm_predict 结合合理的 MODEL 对预测样本进行实际预测,得到预测结果。

（6）在整理的 500 个"三农"贷款客户数据中随机抽取 100 个客户作为验证样本,其他的 400 个客户为训练样本,以验证样本的预测精确度,衡量训练模型的合理性。

```
% load data
load customer500.mat
%%% C -1:18 G 10:-1:-10 P -10:10
function [svr_predict]=SVR( data,a )
b=size( data,1 );
svr_predict=zeros( a,1 );
trainy=data( b-a+1:end,1 );
for i=1:a
m=b-a+i;
dataset=data( 1:m, : );
train=dataset( 1:m-1, : );
test=dataset( m, : );
train_x=train( :,2:end );
train_y=train( :,1 );
test_x=test( :,2:end );
test_y=test( :,1 );
[scale_train_x,save_x_range]=svm_scale( train_x );
scale_test_x=svm_scale( test_x,save_x_range );
[c,g,p,mse]=mygridr_mex( train_y,scale_train_x,10,'-s 3 -t 2' );
train_canshu=['-s',num2str( 3 ),'-t',num2str( 2 ),'-c',num2str( c ),'-g',num2str( g ),'-p',num2str( p )];
model=svm_train( train_y,scale_train_x,train_canshu );
svr_predict( i,1 )=svm_predict( test_y,scale_test_x,model );
end
```

3.2.6 贷款客户二分类结果分析

3.2.6.1 对比方法

通过引入 BPNN 作为对比模型类比 SVM 的分类识别能力。将经自变量标准化处理和相关分析变量筛选后的数据分别输入 BPNN 和 SVM 进行分类预测[16]。BPNN 预测过程采用 MATLAB（R2011a）程序调用自带工具箱 Neural Network 实现，SVM 预测过程采用 MATLAB（R2011a）程序调用工具箱 LIBSVM2.9 实现。

BPNN 模型网络寻优的目的就是搜索一组最优的网络参数，使得网络的泛化预测能力最好，其实现步骤如下。

迭代 i 次，每次迭代进行以下操作：

（1）初始化 BPNN 状态；

（2）由所有训练样本集组成一个网络，并保存为 net（i）；

（3）把训练样本集的最后 N 个样本作为验证集 valid，用（2）得到的 net（i）对验证集进行拟合，得到一组拟合值；

（4）用式（3.7）求验证集拟合值与真实值的相对误差，即

$$\text{rel\_error(j)} = \frac{\left| \text{fitting\_value(j)} - \text{observed\_value(j)} \right|}{\text{observed\_value(j)}}, \quad j = 1, 2, \cdots, N \tag{3.7}$$

（5）求 rel_error 与 j 的相关系数，并保存为 corr（i）。

取 corr 中最小值（假设为 corr（x））对应的网络 net（x）作为训练的最优网络进行后续分析，用得到的 net（x）对测试集进行预测。

```
function [bp_predict]=BPNN（data,a）
% a  the number of testdata;
b=size（data,1）;
bp_predict=zeros（a,1）;
trainy=data（b-a+1:end,1）;
for i=1:a
m=b-a+i;
dataset=data（1:m, :）;
tr_data=dataset（1:m-1, :）;
te_data=dataset（m, :）;
tr_x=tr_data（:,2:end）;
tr_y=tr_data（:,1）;
te_x=te_data（:,2:end）;
te_y=te_data（:,1）;
[sc_tr_x,tr_xps]=mapminmax（tr_x）;
```

```
[sc_tr_y,tr_yps]=mapminmax(tr_y);
sc_te_x=mapminmax('apply',te_x,tr_xps);
net=newff(sc_tr_x,sc_tr_y);
net=init(net)
net.trainParam.showWindow=0;
net=train(net,sc_tr_x,sc_tr_y);    %%% 训练过程,由 BPNN 工具箱封装的函数包完成
eval(['net',num2str(i),'=net;']);
eval(['save net',num2str(i)]);
predict=sim(net,sc_te_x);    %%% 预测过程,由 BPNN 工具箱封装的函数包完成
bp_predict(i,1)=mapminmax('reverse',predict,tr_yps);
End
```

3.2.6.2　结果分析

随机抽取的 100 个验证样本中有 32 个为合格用户,其他 68 个为不合格用户。BPNN 和 SVM 对 100 个验证样本采用多步预测法,BPNN 和 SVM 的预测结果如表 3.4 和表 3.5 所示。

表 3.4　BPNN 验证样本预测结果

实际 Y 值	1	0	0	1	0	1	1	0	0	0	1	0	0	1	0	0	1	0	0	0
预测 Y 值	1	0	0	1	0	1	0	0	0	1	1	0	0	1	0	0	1	0	0	0
实际 Y 值	1	0	0	0	0	0	0	1	0	1	0	0	1	1	0	0	0	1	0	0
预测 Y 值	1	0	1	0	1	0	0	1	0	1	0	0	0	1	1	0	0	1	0	0
实际 Y 值	1	0	0	1	0	1	1	0	0	0	1	0	0	1	0	0	0	0	0	0
预测 Y 值	1	0	0	1	0	1	1	0	1	0	1	0	0	1	0	0	0	0	0	1
实际 Y 值	1	0	0	0	0	0	0	1	0	1	0	0	1	1	0	0	1	0	0	0
预测 Y 值	1	0	0	1	1	0	0	1	0	1	0	0	1	1	0	0	1	0	0	0
实际 Y 值	1	0	1	0	0	0	1	0	1	1	0	0	0	0	0	1	0	0	0	0
预测 Y 值	1	0	1	1	0	0	1	0	0	1	0	0	0	0	1	1	0	0	0	0

表 3.5　SVM 验证样本预测结果

实际 Y 值	1	0	0	1	0	1	1	0	0	0	1	0	0	1	0	0	1	0	0	0
预测 Y 值	1	0	0	1	0	1	1	0	1	0	1	0	0	1	0	0	1	0	0	0
实际 Y 值	1	0	0	0	0	0	0	1	0	1	0	0	1	1	0	0	0	1	0	0
预测 Y 值	1	0	0	0	1	0	0	1	0	1	0	0	1	1	0	0	0	1	0	0
实际 Y 值	1	0	0	1	0	1	1	0	0	0	1	0	0	1	0	0	1	0	0	0
预测 Y 值	1	0	0	1	0	1	1	0	1	0	1	0	0	1	0	0	1	0	0	1
实际 Y 值	1	0	0	0	0	0	0	1	0	1	0	0	1	1	0	0	0	1	0	0
预测 Y 值	1	0	0	0	1	0	0	1	0	1	0	0	1	1	0	0	0	1	0	0

实际 Y 值	1	0	1	0	0	0	1	0	0	1	1	0	0	0	0	1	0	0	0	0
预测 Y 值	1	0	1	0	0	0	0	0	0	1	1	0	0	0	1	1	0	0	0	0

通过分析结果，BPNN 对银行"三农"贷款客户类型的整体验证预测精度为 87%，对于"合格"用户的归类精度为 90.63%，而本书建立的 SVM 模型对银行"三农"贷款客户类型的整体验证预测精度高达 93%，而对于"合格"用户的归类精度更是高达 96.9%，"合格"用户的精准归类对于银行把握优质客户资源的意义更为重大，且 SVM 整个建模预测过程耗时仅几秒钟，无论是时耗还是预测精度都明显高于 BPNN 方法，说明 SVM 模型分类识别快速、合理、有效。

建立银行"三农"贷款客户二分类模型后，就可以通过这个模型对类型未知的新申请的"三农"贷款客户进行类别归并。

本章基于中国农业银行长沙市分行的"三农"贷款客户数据和支持向量机，建立了该银行"三农"贷款合格用户和不合格用户 SVM 二分类模型，该模型无论是预测精度还是处理时耗都优于 BPNN 二分类模型，是一种具有较高效率的银行"三农"贷款客户分类方法。基于 SVM 的银行"三农"贷款客户二分类模型使得银行客户关系策略的实施性更强，有利于银行争取更多优质客户资源，降低"三农"放贷信用风险，同时能提高放贷时效，对"三农"贷款申请人而言也意义重大。该二分类模型对于银行"三农"贷款客户关系管理系统的设计与实现具有较大参考价值。

3.3 基于支持向量机的"三农"贷款风险五级分类预测

目前，国内外学者和金融界普遍认为，贷款风险分类是指银行信贷管理人员或金融监管当局的检查人员依据获得的综合信息，以贷款的内在风险程度和借款人的还款能力为核心，对各类贷款作出质量评价，并划分不同档次的方法、措施和程序的总称。但这一定义主要侧重于对贷款风险分类工作过程的描述，并未涉及贷款风险分类的最终目的。贷款风险分类管理的最终目标应该是掌握资产质量状况，对不同类型的资产有针对性地采取相应的处理手段，提高信用风险的管理与控制水平。

1998 年，中国人民银行将贷款风险归纳总结为五级：正常、关注、次级、可疑、损失。但在现阶段银行管理实践中，由于目标不明确、制度路径依赖、分类不细、主观性太强、缺少可操作的量化因素和方法等原因导致分类结果的真实性、准确性大打折扣，放贷后管理的成效不尽如人意。中国农业银行长沙市分行 2013 年和 2014 年"三农"贷款五级分类情况如表 3.6 所示。

表 3.6 中国农业银行长沙市分行 2013 年和 2014 年"三农"贷款五级分类情况

贷款分级		2013 年		2014 年	
		余额（万元）	占比（%）	余额（万元）	占比（%）
正常贷款	正常类	88 800	68.6	96 257	65.9
	关注类	15 282	11.8	16 461	11.3
	小计	104 082	80.4	112 728	77.20
不良贷款	次级类	3 738	2.9	6 847	4.7
	可疑类	14 674	11.3	18 895	12.9
	损失类	6 965	5.4	7 650	5.2
	小计	25 377	19.6	33 392	22.8

从表 3.6 中可以看出，2014 年相比于 2013 年"三农"不良贷款的比例升高了 3.2 个百分点，如果不能采取有效措施降低不良贷款占比，长此以往对于中国农业银行该分行与"三农"的合作关系将是毁灭性的。

目前，学术界有人提出用矩阵法、雷达法、模糊数学模型等方法增强贷款风险分类的预见性、操控性，但都因缺乏可行性或者缺少足够的实证研究，而未引起银行业的足够重视。

支持向量机是一种分类识别能力突出的机器学习方法，因其优异的非线性处理能力而在复杂数据多分类领域占有重要席位。下面将支持向量机用于中国农业银行"三农"贷款客户二分类预测中，且取得了不错的分类效果。但是，银行"三农"贷款客户二分类结果只能作为银行放贷决策的定性依据，不能给银行放贷的额度和周期提供标尺。本章将利用支持向量机模型对银行客户的贷款行为进行五级预测分类，为银行的放贷提供更为有利、精确的凭证。

3.3.1 数据来源

本节的验证数据和上节的数据完全一致，同样有 9 个自变量属性，它们分别是性别 X_1、年龄 X_2、户籍地 X_3、涉农性质 X_4、受教育程度 X_5、月收入 X_6（元）、存款余额 X_7（元）、贷款情况 X_8（元）、家庭成员数 X_9（个）和客户类型 Y。只是这里的客户类型具有五级分类，它们分别为正常（1）、关注（2）、次级（3）、可疑（4）、损失（5）。

3.3.2 自变量筛选

对数据自变量进行筛选之前也要对数据进行归一化处理。之后，在利用相关分析法和主成分分析法对数据的自变量进行线性和非线性筛选。

3.3.2.1 相关分析法

通过 DPS6.55 对 9 个自变量与因变量 Y 进行相关分析得到 $|R|$ 值如表 3.7 所示。从表

中可以明显看出,自变量 X_1(性别)和 X_9(家庭成员数)与 Y(贷款类型)的相关系数很小,也就说明客户的性别和家庭成员数属性对贷款类型的影响较微弱,可以筛选掉性别和家庭成员数属性,以余下的 7 个属性作为后续分析自变量。

表 3.7 自变量与因变量相关系数

$|R|$	X_1	X_2	X_3	X_4	X_5	X_6	X_7	X_8	X_9
Y	0.236 2	0.919 7	0.869 4	0.924 8	0.922 7	0.915 4	0.956 9	0.923 5	0.341 4

3.3.2.2 主成分分析法

通过 DPS6.55 对"三农"贷款客户的自变量因子(经相关分析之后)进行主成分分析,自变量的输入顺序依次为年龄 X_2、户籍地 X_3、涉农性质 X_4、受教育程度 X_5、月收入 X_6、存款余额 X_7、贷款情况 X_8,结果如表 3.8 所示。

表 3.8 "三农"贷款客户类型影响因子主成分分析结果

规格化特征向量							
	因子 1	因子 2	因子 3	因子 4	因子 5	因子 6	因子 7
$x(1)$	0.389 4	0.100 2	−0.076 4	−0.318 9	0.041 5	−0.134 2	−0.699 3
$x(2)$	0.367 8	−0.110 4	−0.145 3	0.522 6	−0.366 6	0.601 2	−0.025 1
$x(3)$	0.354 6	0.050 2	−0.256 7	−0.592 9	−0.034 0	0.423 3	0.131 1
$x(4)$	0.389 3	0.811 2	0.443 5	0.133 6	−0.029 1	0.034 1	0.055 4
$x(5)$	0.392 0	−0.147 1	−0.087 8	0.288 2	−0.375 6	−0.560 8	−0.153 1
$x(6)$	0.367 4	0.031 1	−0.146 8	−0.216 3	−0.177 6	−0.351 5	0.654 6
$x(7)$	0.324 4	−0.534 5	0.832 4	−0.167 5	0.145 6	0.067 3	0.038 9
No.	特征值	百分率(%)	累计百分率(%)				
1	7.125 3	89.066 2	89.066 2				
2	0.563 2	7.040 0	96.106 2				
3	0.263 5	3.293 8	99.400 0				
4	0.025 1	0.313 8	99.713 8				
5	0.012 1	0.151 3	99.865 1				
6	0.007 5	0.093 8	99.958 9				
7	0.003 3	0.000 9	100.000 0				

由表 3.8 可以看出,第 1 主分量特征值的累计百分率已达到 89.066 2%,故可以认为第 1 主分量已经包含了影响"三农"贷款类型的全部信息。同时,由规格化特征向量也可以看出,第 1 主分量包含所有剩余 7 个自变量的信息,故主成分分析的结果无须删除任何自变量因子,保留所有 7 个驱动因子进行后续分析。

3.3.3　支持向量机预测

支持向量机训练预测步骤如下。

（1）根据训练样本大小进行 10 次交叉验证,依据均方误差最小原则进行径向基核函数参数 c、g 寻优,c 是 SVM 核函数中损失函数的重要参数,g 是 SVM 核函数中 gamma 函数的重要参数。

[c,g,mse]=mygridr_mex(train_y,train_x,10,'-s 3 -t 2');　// 选取 mse 值最小的 c、g 组合
canshu=['-s',num2str(3),'-t',num2str(2), '-c',num2str(c),'-g',num2str(g)];

（2）在最优核函数参数组合下,对训练样本经工具 svm_train 建立预测模型 MODEL。
model=svm_train(train_y,train_x,canshu);

（3）通过工具 svm_predict 利用训练模型 MODEL 对验证样本进行验证预测。
predict=svm_predict(test_y,test_x,model);

（4）若经验证模型 MODEL 准确合理,则进一步对预测样本进行预测,反之则回到第（1）步重新进行核函数参数寻优,直至获得合理的 MODEL 为止。

（5）通过工具 svm_predict 结合合理的 MODEL 对预测样本进行实际预测,得到预测结果。

选取前面整理的 500 个"三农"贷款资料数据作为验证数据,同样抽取其中的 100 个客户作为验证样本,其他的 400 个客户作为训练样本,以验证样本的预测精确度,衡量训练模型的合理性。

3.3.4　贷款风险五级分类预测结果分析

3.3.4.1　对比方法

同样引入 BPNN 作为对比模型类比 SVM 的分类识别能力。将经自变量标准化处理和相关分析变量筛选后的数据分别输入 BPNN 和 SVM 进行分类预测。BPNN 预测过程采用 MATLAB(R2011a)程序调用自带工具箱 Neural Network 实现,SVM 预测过程采用 MAT-LAB(R2011a)程序调用工具箱 LIBSVM2.9 实现。

3.3.4.2　结果分析

由整理数据可知,随机抽取的 100 个贷款验证样本中有正常（1）贷款 21 个,关注（2）贷款 11 个,次级（3）贷款 31 个,可疑（4）贷款 28 个,损失（5）贷款 9 个,其中正常和关注为良好贷款,即良好贷款 32 个,不良贷款 68 个,这与第 3 章中的 32 个合格用户和 68 个不合格用户其实是同一个含义。BPNN 和 SVM 对 100 个验证样本采用多步预测法,BPNN 和 SVM 的预测结果如表 3.9 和表 3.10 所示。

表 3.9　BPNN 验证样本预测结果

实际 Y 值	1	4	5	1	3	2	2	4	4	5	2	5	3	1	3	4	1	3	4	5
预测 Y 值	1	4	4	1	2	5	1	3	1	5	2	1	3	3	1	5	5	5	5	
实际 Y 值	1	4	3	3	4	5	4	1	3	1	3	4	2	1	3	4	1	1	4	3
预测 Y 值	1	5	3	3	1	5	4	1	4	3	2	1	4	5	4	1	4	3		
实际 Y 值	2	3	4	1	3	1	2	4	4	5	1	3	3	1	3	4	1	3	4	3
预测 Y 值	1	3	3	3	4	1	5	5	2	1	3	4	2	3	5	1				
实际 Y 值	1	4	4	3	3	5	3	1	3	1	4	1	2	3	4	5	1	5	3	
预测 Y 值	3	4	3	3	5	2	1	2	4	1	3	4	2	5	5	3	4			
实际 Y 值	2	3	2	4	3	3	1	4	3	3	4	3	4	3	2	3	4	3	4	
预测 Y 值	2	2	1	4	3	1	1	4	2	4	4	5	3	2	3	3	4			

表 3.10　SVM 验证样本预测结果

实际 Y 值	1	4	5	1	3	2	2	4	4	5	2	5	3	1	3	4	1	3	4	5
预测 Y 值	1	4	5	1	3	2	3	4	2	5	2	1	3	3	1	4	1	3	4	5
实际 Y 值	1	4	3	3	4	5	4	1	3	1	3	4	2	1	3	4	1	1	4	3
预测 Y 值	1	5	3	3	1	5	4	1	4	3	2	1	4	5	4	1	3	2		
实际 Y 值	2	3	4	1	3	1	2	4	4	5	1	3	3	1	3	4	1	3	4	3
预测 Y 值	1	3	3	3	4	1	5	5	2	1	3	4	2	3	4	1				
实际 Y 值	1	4	4	3	3	5	3	1	3	1	4	1	2	3	4	5	1	5	3	
预测 Y 值	2	4	3	3	5	2	1	2	4	1	3	4	2	5	5	4	4			
实际 Y 值	2	3	2	4	3	3	1	4	3	3	1	4	3	3	2	3	4	3	4	
预测 Y 值	2	3	2	4	3	3	1	4	3	1	4	4	3	2	3	3	4			

由表结果可知,BPNN 对银行"三农"贷款类型的整体预测精度为 57%,对于正常（1）贷款归类精度为 76.19%,对于关注（2）贷款归类精度为 63.64%,对于次级（3）贷款归类精度为 51.61%,对于可疑（4）贷款归类精度为 42.86%,对于损失（5）贷款归类精度为 55.56%,而对于良好贷款的预测精度为 90.625%,对于不良贷款的预测精度为 83.82%。

SVM 对银行"三农"贷款类型的整体预测精度为 70%,对于正常（1）贷款预测精度为 85.71%,对于关注（2）贷款归类精度为 81.82%,对于次级（3）贷款归类精度为 61.29%,对于可疑（4）贷款归类精度为 60.71%,对于损失（5）贷款归类精度为 66.67%,而对于良好贷款的预测精度为 100%,对于不良贷款的预测精度为 91.18%。

通过分析可见,SVM 对于"三农"贷款的五级分类各单项预测精度都明显优于 BPNN 的预测精度,且 SVM 整个建模预测过程比 BPNN 更快捷,无论是时耗还是预测精度都明显高于 BPNN,说明 SVM 多分类模型识别快速、合理、有效。从结果可知,基于 SVM 的"三农"贷款五级分类模型对于良好贷款的预测精度高达 100%,这对于中国农业银行把握优质客户资源意义重大;而其对于不良贷款的预测精度也达到了 91.18%,这有利于中国农业银行规避"三农"贷款风险,降低银行损失。

　　建立银行"三农"贷款的五级分类模型之后,就可以通过这个模型,对类型未知的新申请的"三农"贷款进行类别归并,继而根据分类结果对贷款采取不同的放贷政策,帮助银行智能选择"三农"贷款客户,并审核和监管放贷过程。

　　本章基于中国农业银行长沙市分行的"三农"贷款申请数据和支持向量机,建立了该银行"三农"贷款 SVM 五级分类模型,该模型无论是预测精度还是处理时耗都明显优于 BPNN 五级分类模型,是一种具有较高效率的银行"三农"贷款分类方法。基于 SVM 的银行"三农"贷款五级分类模型使得银行"三农"贷款策略的实施性更强,降低"三农"放贷信用风险,同时能提高放贷时效,服务"三农"贷款申请人,这对于"三农"与银行之间建立平稳、和谐、可持续的互惠合作关系意义重大。

参考文献

[1]　田俊丽. 中国农村金融体系重构:缓解农村信贷配给 [M]. 成都:西南财经大学出版社,2007:12-38.

[2]　刘晓晨. 涉农贷款分类管理及政策支持机制研究 [D]. 泰安:山东农业大学,2010:3-20.

[3]　安倩倩. 基于涉农贷款与农业经济增长相关性分析的我国涉农贷款的发展问题研究 [D]. 上海:上海海洋大学,2014:4-5.

[4]　TOWNSEND R M, JACOB Y. The credit risk-contingency system of an Asian Development Bank, Federal Reserve Bank of Chicago[J]. Economic Perspective, 2001, 10:245-251.

[5]　TILLETT L S. Banks mine customer data[J]. Internet Week, 2000(831):45-46.

[6]　GROTH R. Data mining: building competitive advantages[J]. Prentice-Hall PTR, 1999(2):10.

[7]　JHA S, BAWA K S. The economic and environmental outcomes of microfinance projects: an Indian case study[J]. Environment Development and Sustainability, 2007, 9(3):229-239.

[8]　周振华. 基于模糊积分基础支持向量机的商业银行信用风险评价模型研究 [D]. 哈尔滨:哈尔滨工业大学,2006:1-12.

[9]　刘春元. 基于支持向量机的银行贷款分类初步研究 [D]. 长春:吉林大学,2008:1-15.

[10]　程砚秋. 基于支持向量机的农户小额贷款决策评价研究 [D]. 大连:大连理工大学,2011:1-57.

[11]　FANG K, CHEN Y N, HU Y. Prediction of the risk level of China's agricultural loan based on support vector machine[J]. Quarterly Journal of Indian Pulp and Paper Technical Association, 2018,6(30):524-530.

[12]　韩明华. 基于 BP 神经网络与 PCA 的零售业客户细分模型研究 [J]. 工业技术经济,2018,27(10):93-96.

[13] 陈渊. 改进支持向量机及其应用 [D]. 长沙：湖南农业大学, 2016.

[14] HU Y, FANG K, ZHU X H. Bank customer classification model and application based on SVM[C]. Proceedings of the 2015 International Symposium on Computers & Informatics, 2015.

[15] HERVÉ A, LYNNE J M. Principal component analysis[J]. Wiley Interdisciplinary Reviews：Computational Statistics, 2010, 2(4)：433-459.

[16] HU Y, FANG K, ZHU X H. Five-category classification prediction for "three rural" loan risk based on support vector machine[C]. International Conference on Software Engineering and Information Technology, 2016.

第4章　基于森林小气候的火险等级预警模型

　　森林火灾的监测和预防是国际减灾工作中的重要环节,也是全球气候变化大背景下保障生物多样性,维护森林资源健康发展的重要手段[1]。森林火灾是对森林生态系统的可持续发展威胁最大的自然灾害之一。结合发展中国家的社会经济发展现状和环境条件迅速变化的特点以及未来区域性与全球性气候变化的规律,可以对未来林火动态变化的趋势做出定性的判断[2]。虽然发达国家及地区的林火监测技术已有了长足的发展,但是我国的林火监测技术起步晚,与发达国家相比有较大差距,效率亟待提升。我国目前的林火监测工作主要依赖气象卫星而展开,其工作精度、工作效率和监测范围皆能满足实际应用需求,但是前期开发和后期维护的成本较高,都有一定的下降空间。

　　本章主要针对全球气候变化趋于复杂化的大环境下,我国森林火灾预防工作任务较重的行业背景,结合研究区域在 2005—2014 年 10 年间主要火险气象因子与火灾发生情况的内在联系开展分析研究。通过对研究区域的森林火灾发生情况与气候变化规律进行相关性研究,揭示两者的内在联系,针对影响森林火灾的主要气象因素建立森林火险预警模型,为森林火灾预防工作提供科学依据,寻求森林火灾监测更加科学的方法,保护珍贵的森林资源。

4.1　森林小气候及森林火灾监测

　　19 世纪末,前苏联气象学家 В.Н.Каразин 根据最先提出"森林小气候"的概念,并且推动了前苏联的森林小气候研究工作,在防护林小气候研究方面取得了很多成果。20 世纪初开始,德国、日本、美国等先后开展了森林小气候方面的研究[3-6]。自从 20 世纪 80 年代开始,我国的森林小气候研究进入了系统、科学的发展阶段[7-9],近十年是我国森林小气候研究工作发展最迅速的时期,研究水平迈向了一个新的高度,为我国林业的发展和环境的保护做出了较大贡献。

　　森林火灾已经成为一个世界各国政府相当重视的灾害性问题。因此,世界各国都加强了对林火监测技术的研发。美国很早便开始利用地理信息系统(Geographic Information System, GIS)技术,通过对采集到的火灾数据进行研究和分析,最终用于指导火灾扑救工作。20 世纪 70 年代开始推广应用国家级火灾预报系统;90 年代建立了美国长期生态学研究网络、国家森林健康质量计划和全球陆地观测系统用以监测森林生态系统的动态变化过程;2006 年,美国开始研究"野火空中传感项目",该项目创造性地把红外线照相机、高分辨率可见光数码照相机和 GPS 定位系统有机结合,能在高空中对地面火情进行精确的判别,并精准地记录火情发生的地理位置,提高了相关部门的火险应对处理效率。

　　我国林火监测方面的工作起步较晚,传统的林火监测通常分为地面巡逻、瞭望系统、空中巡护。1999 年,我国开始将遥感技术应用到森林资源的具体分类和后续的森林资源管理工作中,并在生态环境的监测工作中开始使用 3S(即 GIS、RS、GPS)技术。但是在现阶段的应用中,卫星遥感使用成本过高,陆地卫星覆盖周期长,距离林火实时动态监测的直接应用还有一定距离。

此外,基于视频图像的火灾监测技术也有了迅猛的发展。基于红外图像处理的林火监测技术是指在工作中通过对红外探测设备获取的林区图像进行算法处理,对林区是否发生火灾进行图像判别,同时可以与 GIS 技术相结合,精确定位火灾地点,给出最优的火灾处理方案[10-11]。

森林火灾是一个与时间有关的过程,其特征量(发生次数和过火面积)是各种气象要素、各种环境因子等自变量相互作用的结果。因此,可以根据不同的适用理论建立相应的森林火灾发生预测模型,用数学的方法为森林防火部门提供决策参考依据。

从 20 世纪 90 年代开始,我国在研究森林火灾的数学建模方面也取得了一些进展:杨美和等[12]用统计学的方法建立了气象因子与森林火灾发生情况的数学模型,指出了影响火灾年际变化最重要的因素就是气象因子;杨景标等[13]建立了人工神经网络模型,预测了热带森林火灾的发生概率,预测结果与实际数据相符,通过了模型工作精度检验;傅泽强等[14]通过对大兴安岭林区森林火灾发生次数年际变化规律的研究,得到了林火重灾年的灰色预测模型;姜学鹏等[15]通过利用模糊马尔柯夫理论的方法对我国森林火灾发生次数年际变化进行了研究,得到了相应的模糊马尔柯夫预测模型;田应福等[16]利用灰色理论及神经网络方法对气象因子和森林火灾特征进行了分析,对森林火灾发生与否的气象因子临界值做出了探索。针对森林小气候相关理论,结合现有森林火险预警工作的实际应用需求,我们提出的基于森林小气候数据进行森林火险预警模型,可有效提高森林火险预警的精确度,从时间、人力、经济成本等方面优化森林火险预警工作,从而更加行之有效地保护森林资源[17]。

这些模型都为我们分析森林火灾在思路上提供了借鉴,即分析各个气象因子对火灾发生的影响力大小,通过综合研究分析各气象因子的协同变化规律,模拟出森林火灾发生的气象条件,在实际森林火灾监测工作中结合实时气象条件做到早预防、早行动;也可以直接拟合出森林火灾发生的年际变化规律,从宏观上对一定时期内的各个研究区域的森林火灾等级情况做出预测,为森林防火部门的工作决策提供科学的指导和建议。

湖南森林资源十分丰富,地处季风区,森林防火任务繁重。尽管湖南省各地相关部门近几年来在森林防火工作的资金投入有所增加,但由于基础建设还比较薄弱,森林防火能力整体上依然有所欠缺。所以,研究森林小气候的火险预警具有重要的意义。

4.2　森林对区域气候的影响规律

4.2.1　数据来源

(1)芷江站 2005—2014 年气象数据来自中国气象数据网,包括逐月空气温度值、逐月空气相对湿度值、逐月风速和逐月累计降水量。

（2）会同站 2005—2014 年的森林小气候数据来自湖南会同杉木林观测研究站,包括逐日空气温度值、逐日空气相对湿度值、逐日风速和逐日降水量。

（3）怀化市森林火灾数据来自怀化市森林公安工作会议报告。

4.2.2　气象因子的选择

影响森林火灾发生和扩散的因素分为两类:环境因素（即林种、林型、地形、坡度、坡向、海拔等）和气象因素（即空气温度、空气湿度、风、降水量、日照时数等）。在分别研究这些因素对森林火灾发生的影响时,有些因素能够进行定量化分析,有些因素则不适合定量化分析。环境因素中的大部分因子都是非数据指标,定量化分析会造成一定程度的失真,不能满足实际研究的需要。气象因素恰恰相反,数据属性决定了其适合进行定量化分析,而且气象因素对森林火灾的发展起着决定性的作用。因此,我们将选择对森林火灾影响较大的几类气象因子作为研究对象。

森林对区域气候的影响涉及多个因子,对于每个气象因子的影响程度各有不同。现阶段,国家气象观测站和野外生态研究站的常规观测项目包括空气温度、气压、水汽压、空气相对湿度、风速（向）、20—20 时降水量、地面蒸发量、日照时数等。由此引申出来的数据指标包括最大气压、最高（低）空气温度、最高（低）空气相对湿度、最大风速（的风向）、气温日较差、空气相对湿度日较差等各项气象因子的极值和差值指标。在探究森林对区域气候的影响规律时,我们首先根据研究需要搜集相关数据资料,再根据所搜集资料的准确性和完整性进行数据筛选,最后结合各气象因子和森林火灾的关系,最终确定空气温度、空气相对湿度、平均风速和降水量等 4 个气象因子作为选定对象,对 2005—2014 年 10 年间的时空变化规律开展研究,拟得到森林对区域气候的影响规律和森林自身的小气候特征。

4.2.3　空气温度观测数据及结果分析

空气温度是森林树木生长发育的主要气象因子之一,也是衡量森林火灾的最重要因素之一。会同站和芷江站的累年月平均空气温度见表 4.1 和表 4.2,两站数值对比情况见图 4.1。

表 4.1　会同站 2005—2014 年累年月平均空气温度（℃）

年份	1 月	2 月	3 月	4 月	5 月	6 月	7 月	8 月	9 月	10 月	11 月	12 月
2005 年	1.8	2.5	9.8	19.4	21.3	25.2	27.4	25.6	24.1	17.1	13.6	6.1
2006 年	4.5	5.1	11.5	18.7	22.0	24.2	26.9	26.8	23.4	19.6	13.4	7.3
2007 年	4.2	11.7	11.5	15.8	23.6	24.4	27.2	27.1	21.6	17.5	13.9	6.7
2008 年	1.6	4.3	12.5	17.5	21.9	24.7	26.6	25.6	23.7	19.0	12.4	8.9
2009 年	4.9	9.9	12.3	16.9	20.1	25.4	26.3	27.2	24.9	19.2	10.4	6.2
2010 年	6.5	8.2	11.3	14.2	19.9	22.6	27.6	27.6	22.8	16.4	13.2	8.3

续表

年份	1 月	2 月	3 月	4 月	5 月	6 月	7 月	8 月	9 月	10 月	11 月	12 月
2011 年	0.0	8.2	8.2	16.5	20.3	23.7	27.0	25.7	22.3	16.4	15.5	5.4
2012 年	2.0	2.8	8.6	17.3	20.3	23.6	26.2	25.8	21.3	16.9	9.8	4.6
2013 年	4.9	6.7	13.3	15.4	20.5	24.4	27.4	26.7	21.3	17.2	12.8	6.8
2014 年	7.9	4.5	11.3	16.4	19.2	22.9	26.5	25.0	23.3	19.3	11.3	6.5
平均值	3.8	6.4	11.0	16.8	20.9	24.1	26.9	26.3	22.9	17.9	12.6	6.7

表 4.2　芷江站 2005—2014 年累年月平均空气温度(℃)

年份	1 月	2 月	3 月	4 月	5 月	6 月	7 月	8 月	9 月	10 月	11 月	12 月
2005 年	3.2	3.7	10.2	19.1	21.8	25.9	28	25.6	24.4	17.7	14.2	7.1
2006 年	5.4	6.1	12	19.2	22.3	24.6	27.9	27.4	23.8	20.3	13.6	7.3
2007 年	4.5	11.4	11.7	16	23.3	24.9	27.7	27.3	21.9	18.2	12.8	7.8
2008 年	2.3	5.2	13.1	17.8	22.3	25.2	27.1	26.0	24.2	19	12.4	8.3
2009 年	4.8	10.3	12.3	16.7	20.8	25.9	26.8	27.6	25	19.7	10.0	6.5
2010 年	6.8	8.1	11.1	14.7	20.2	23.3	28.5	28.1	23.7	16.6	12.7	7.6
2011 年	1.7	8.2	9.7	17.2	21.4	24.6	28.2	27.2	23.5	17.5	15.3	6.6
2012 年	3.7	4.7	9.9	18.1	21.6	17.6	28.0	27.2	22.3	17.5	11.0	5.4
2013 年	5.4	7.4	13.5	16.2	21.7	25.9	29.5	28.5	22.4	17.6	13.7	7.4
2014 年	7.8	5.4	12.4	17.2	20.4	23.9	26.9	25.8	23.9	19.5	12.7	7.3
平均值	4.6	7.1	11.6	17.2	21.6	24.2	27.9	27.1	23.5	18.4	12.8	7.1

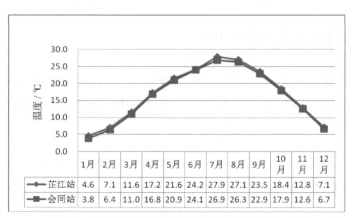

图 4.1　芷江站和会同站累年月平均空气温度对比

　　根据 2005—2014 年连续观测数据,芷江站的累年月平均温度值均高于会同站。芷江站累年月平均温度最高值为 27.9 ℃,会同站累年月平均温度最高值为 26.9 ℃,两者均出现在 7 月;芷江站累年月平均温度最低值为 4.6 ℃,会同站累年月平均温度最低值为 3.8 ℃,两者均出现在 1 月。会同县杉木林对区域温度的降温作用最明显的时间点出现在 7 月,降温幅度达到了 1.0 ℃;降温作用最弱的时间点出现在 6 月,降温幅度只有 0.1 ℃,这样的观测结果看似不符合研究的预期值。但是,结合降水数据分析,芷江站和会同站在 6 月的降水总量均达到了全年最大值,并且都超过了平均值 2 倍之多。由于降水总量增多,森林生态系统对空气温度的调节作用被弱化,降水带来的降温作用占据了主导地位。在 7 月,两站的平均空气温度均达到了全年最高值,森林的生态效应再次占据主导地位,降温作用在数值上得到了最直观的体现。芷江站和会同站的累年月平均温度差值按季节排序,依次为夏季(1.9 ℃)>冬季(1.8 ℃)>春季(1.7 ℃)>秋季(1.3 ℃)。经分析,在冬季,森林树木自身的生命活性降低,出现枝条败落等现象,对局部空气温度的调节作用有所减弱;再加上冬季是林内外空气相对湿度差值最大的季节,林内空气温度受湿冷水汽的影响低于林外空气温度 1.8 ℃,也就不难理解。进一步分析,可以知道会同县杉木林调节温度功能的差异主要表现在降低最高温这一方面,这与陈国瑞等[18]的研究结论有着相似之处。

两个站点所观测温度数据变化规律基本一致,全年变化呈现倒 U 形。1 月之后,空气温度呈现持续上升趋势,在 7 月达到最高值后,空气温度逐渐降低。无论是大气候空气温度还是森林小气候空气温度,其变化幅度均比较缓和。这说明宏观气象条件对森林生态系统小气候的变化起支配作用,这与赵仲辉等[19]对长沙城市森林小气候特征的研究结论有着相同之处。

芷江站的累年月平均温度最大差为 23.3 ℃,会同站的累年月平均温最大差为 23.1 ℃,这表明会同县杉木林对气候具有较好的调节作用,缩小了空气温度的年较差。具体在观测数值中表现为夏季对太阳辐射的吸收、散射和反射作用。杉木林的存在影响了空气温度的变化幅度、极值,从而形成了异于林外的独特的空气温度变化规律。需要说明的是,由于本文的研究林种只针对会同县杉木林,森林在冬季的保温作用可以借鉴其他学者在别的区域所开展的研究[20]。

4.2.4　空气相对湿度观测数据及结果分析

由于森林树木茂密的枝叶和巨大树冠的遮盖,枝叶的光合作用所呼出的水分以及地面蒸发向上运输的水汽与森林外界进行水汽交换的过程受到抑制,长时间停留在森林内部环境而不易向外扩散,森林内部小环境通常表现出高于外部的空气相对湿度。需要指出的是,森林内部空气相对湿度的变化规律受大气候影响,森林内外的变化规律大致相同。但是由于林内的环境相对密闭,森林内空气相对湿度月均值变化幅度小于森林外。会同站和芷江站的累年月平均空气相对湿度见表 4.3 和表 4.4,两站数值对比情况见图 4.2。

表 4.3　会同站 2005—2014 年累年月平均空气相对湿度(%)

年份	1 月	2 月	3 月	4 月	5 月	6 月	7 月	8 月	9 月	10 月	11 月	12 月
2005 年	88	85	79	71	86	83	76	80	74	78	79	65
2006 年	83	93	81	79	78	85	82	80	70	82	82	75
2007 年	80	80	86	81	73	88	80	77	81	79	62	87

续表

年份	1月	2月	3月	4月	5月	6月	7月	8月	9月	10月	11月	12月
2008年	84	82	76	81	78	80	82	85	83	80	78	70
2009年	70	90	83	82	87	82	85	80	76	80	76	88
2010年	91	87	88	94	92	92	89	85	90	87	87	87
2011年	91	88	89	89	81	89	73	76	81	86	83	73
2012年	89	93	86	82	92	91	91	90	91	91	91	95
2013年	83	95	84	87	92	89	75	77	83	79	84	74
2014年	72	92	88	88	90	92	84	85	88	81	91	81
平均值	83.1	88.5	84.2	83.4	84.9	87.1	81.7	81.5	81.7	82.3	81.3	79.5

表4.4　芝江站2005—2014年累年月平均空气相对湿度(%)

年份	1月	2月	3月	4月	5月	6月	7月	8月	9月	10月	11月	12月
2005年	84	82	81	76	85	84	77	82	76	79	80	69
2006年	78	88	81	79	79	85	81	80	70	81	81	78
2007年	75	73	75	74	72	79	73	73	75	70	63	74
2008年	71	63	73	71	71	71	73	76	72	72	75	66
2009年	66	73	70	75	75	72	73	69	65	70	68	75
2010年	68	67	69	74	76	78	73	68	75	76	76	75
2011年	65	71	70	73	69	81	65	67	67	76	76	63
2012年	73	73	76	72	78	83	74	72	75	79	79	78
2013年	73	79	73	77	78	74	63	66	75	73	77	67
2014年	71	81	83	84	84	90	86	83	83	79	84	68
平均值	72.4	75.0	75.1	75.5	76.7	79.7	73.8	73.6	73.3	75.5	75.9	71.3

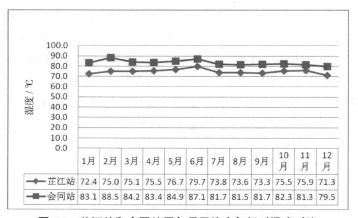

	1月	2月	3月	4月	5月	6月	7月	8月	9月	10月	11月	12月
芝江站	72.4	75.0	75.1	75.5	76.7	79.7	73.8	73.6	73.3	75.5	75.9	71.3
会同站	83.1	88.5	84.2	83.4	84.9	87.1	81.7	81.5	81.7	82.3	81.3	79.5

图4.2　芝江站和会同站累年月平均空气相对湿度对比

　　根据2005—2014年连续观测数据,芝江站的累年月平均相对湿度值均低于会同站。芝江站累年月平均空气相对湿度最高值为 79.7%,会同站累年月平均空气相对湿度最高值为 88.5%,两者分别出现在 6 月和 2 月;芷江站累年月平均空气相对湿度最低值为 71.3%,会同站累年月平均空气相对湿度最低值为 79.5%,两者均出现在 12 月。芷江站和会同站的累年月平均空气相对湿度年较差分别为 8.4% 和 9.0%。从图 4.2 可以看出会同县杉木林有着明显地增加空气相对湿度的作用,但是月平均空气相对湿度的年较差稍稍高于林外。会同县杉木林的增湿作用最明显的时间点出现在 2 月,两站数值差为 13.5%;增湿作用最弱的时间点出现在 11 月,两站数值差为 5.4%。芷江站和会同站的空气相对湿度差值按季节排序为冬季(32.4%)> 春季(25.2)> 夏季(23.2)> 秋季(20.6)。这从一定程度上说明会同县杉木林对空气相对湿度的调节功能受空气温度和降水量的影响,因为冬季的空气温度较低,降水天数和降水量也比较少,使得森林内外的空气相对湿度差异凸显出来。

4.2.5　平均风速观测数据及结果分析

森林由于阻挡作用,对大气运动的影响是十分明显的。其作用结果具体表现为减弱森林边界气流速度,改变气流运动方向。同时,风力的作用也会影响森林内部与外部的物质循环和能量流动过程。直接表现为风吹向森林时,一部分气流进入森林,使森林内部空气流动加快、改变下垫面物质的存在状态,影响森林内外部的热量、水汽、氧气、二氧化碳以及其他颗粒物的交换和再分配,但是林内风速在树枝、树干的摩擦、阻挡作用下,逐渐减小;另一部分未进入森林的气流最终上升越过林区。风从森林边缘吹向林中,越深入林区,风速减小越明显。林区树木生长密度、林种差异、林间结构决定了风速在林内水平方向的减弱程度。但是在垂直方向上,林中风速的变化相对不明显,且风速在林冠表面达到最大值。风力的作用改变了森林内部原本相对密闭的环境,间接改变了林内其他气象因素相较于之前的状态,从而形成了独特的森林小气候,最终影响森林植物的生长、发育过程。会同站和芷江站的累年月平均风速见表 4.5 和表 4.6,两站数值对比情况见图 4.3。

表 4.5　会同站 2005—2014 年累年月平均风速(m/s)

年份	1 月	2 月	3 月	4 月	5 月	6 月	7 月	8 月	9 月	10 月	11 月	12 月
2005 年	1.9	1.9	2.1	2.5	1.9	1.4	2.0	1.7	2.1	2.0	1.8	1.7
2006 年	2.2	2.2	1.5	1.9	1.3	1.3	1.5	1.2	1.6	1.9	1.9	1.8
2007 年	2.4	1.9	2.5	1.5	1.7	2.4	2.4	1.6	1.7	1.7	2.0	1.9
2008 年	0.7	1.0	0.7	1.8	1.9	1.3	1.5	1.7	1.4	1.3	1.2	1.7
2009 年	1.3	1.8	2.0	1.2	1.7	1.0	1.3	1.5	1.4	1.1	1.6	1.1
2010 年	1.5	1.9	1.7	1.1	1.2	0.7	1.3	1.2	1.1	1.5	0.8	1.2
2011 年	1.0	1.5	1.0	0.9	1.1	0.6	1.0	0.9	1.1	1.1	0.8	1.4
2012 年	0.7	1.2	0.8	1.0	0.8	0.5	0.6	0.6	0.9	1.1	0.8	0.9
2013 年	0.7	1.1	0.9	0.4	0.6	1.0	0.6	0.6	0.6	1.0	1.3	1.0
2014 年	0.8	1.0	1.1	0.9	0.6	0.7	0.6	0.5	0.7	0.4	0.6	1.2

续表

年份	1月	2月	3月	4月	5月	6月	7月	8月	9月	10月	11月	12月
平均值	1.3	1.6	1.4	1.3	1.3	1.1	1.3	1.2	1.3	1.3	1.3	1.4

表 4.6　芷江站 2005—2014 年累年月平均风速（m/s）

年份	1月	2月	3月	4月	5月	6月	7月	8月	9月	10月	11月	12月
2005 年	1.6	2.1	1	1.1	1.1	0.9	1.1	1.1	1.2	1.6	1.5	1.8
2006 年	2.2	1.9	1.6	1.7	1.5	1.1	1.6	1.5	1.6	1	1.6	1.5
2007 年	1.2	1.4	1.6	1.3	1.1	0.5	1.2	0.9	1.1	1.4	1.3	1.4
2008 年	2.1	1.4	1.2	1.4	1.1	1	1.1	0.9	1.4	1.3	1	1.4
2009 年	1.3	1.9	1.6	1.1	1.2	0.9	1.1	1.5	1.6	1	1.8	1.1
2010 年	1.6	1.9	2	1.6	1	1.1	1.4	1.4	1.4	1.4	1.1	1.3
2011 年	1.7	1.6	1.5	1.3	1.4	1	1.4	1.6	1.7	1.3	1.2	1.5
2012 年	1.5	1.7	1.3	1.4	1.3	0.6	1.4	1.2	1.1	1	1.2	1.4
2013 年	1.1	1.5	1.3	1.2	1.1	1.1	1.8	1.4	1.2	1	1.1	1.1
2014 年	1.1	1.6	1.4	1.3	1.1	1	1.1	1.2	1.4	1.3	1.2	1.4
平均值	1.5	1.7	1.5	1.3	1.2	0.9	1.3	1.3	1.4	1.2	1.3	1.4

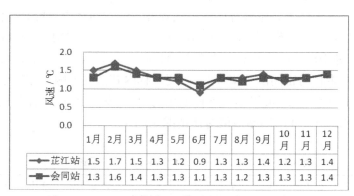

图 4.3　芷江站和会同站累年月平均风速对比

　　根据 2005—2014 年连续观测数据,芷江站的累年月平均风速并非全年大于会同站的同期观测数据,这与之前的学者所观测到的规律有所偏差。经分析,这与本书所选取的两个气象观测站点的位置有关。之前的学者在进行森林小气候规律的观测、研究的时候,是在所研究林区内外同时进行的气象数据观测工作。由于距离相近,加上林区小气候效应明显,观测的数值几乎完全符合预期的理论效果。但是本研究所要求的数据年限跨度较大,因而只能选取会同森林生态系统国家野外科学观测研究站的共享数据以及距离会同县最近的国家气象站点——芷江站(站点号:57745)的气象观测数据做对比分析。虽然两组数据的对比变化规律不能完全符合之前的学者所观测到的对比变化规律,但是从每一组数据本身出发,挖掘其内在隐含的信息,对于研究森林林区对宏观气候的影响以及森林小气候的形成规律有着重大的意义。

芷江站的累年月平均风速最高值为 1.7 m/s,会同站的累年月平均风速最高值为 1.6 m/s,二者均出现在 2 月;芷江站的累年月平均风速最低值为 0.9 m/s,会同站的累年月平均风速最低值为 1.1 m/s,二者均出现在 6 月。从两站数据折线图对比来看,杉木林内外的风速变化趋势相似,从 1 月到 2 月有小幅度提升,在 2 月达到最大值后,一直缓慢下降,同时在 6 月达到最小值。在此后的月份中,杉木林内外的累年月平均风速值有增有减,但波动幅度较小。会同站的累年月平均风速总值按季节排序依次为冬季(4.3)> 春季(4.0)> 秋季(3.9)> 夏季(3.6)。经分析,杉木林在夏季生长旺盛,林内空气温度和空气相对湿度均达到了全年的最大值,森林对风速的减弱作用也达到了最大化,林内风速因此为全年最低。但是在冬季,杉木林的生命活动有所减弱,再加上树木凋零等季节性变化,风在森林内部的流动相对比较通畅,森林对风的减弱作用没有其他季节明显,林内风速达到了全年的最大值。

芷江站和会同站的累年月平均风速年较差分别 0.8 m/s 和 0.5 m/s,这说明从年际变化来看,会同县杉木林使风速在林内的变化趋于稳定,年较差小于芷江站的观测结果。同时,芷江站的累年月平均风速总值大于会同站的累年月平均风速总值,约为 0.2 m/s,虽然数值较小,但是也能从一定程度上说明杉木林的存在对林外气流的减缓作用。值得注意的是,芷江站和会同站的累年月平均风速差值最大的几个月,如 1 月(0.2 m/s)、2 月(0.1 m/s),芷江站的当月风速值位列全年的前两位,分别为 1.54 m/s 和 1.70 m/s;而在余下的月份中,两站的累年月平均风速差值大小与芷江站的当月风速大小并没有明显的关系,且这些月份的风速值在 0.91~1.45 m/s 分布,明显小于 1 月和 2 月数值。这说明,会同县杉木林对风速的减缓作用主要表现在对较大风速的作用过程中,在风速小于一定值的时候,其减缓作用没有明显的表现规律。

4.2.6　降水量观测数据及结果分析

从理论上说,森林树木枝繁叶茂,树根能从土壤下吸收大量的水分以供自身蒸腾作用的消耗。这些散失的水分通过向上运输,使得林区上方的空气相对湿度要高于无林区域,从而为林区的降水增加了水汽条件。同时,森林树木增大了下垫面的粗糙程度,林内局部大气湍流作用越发强烈,增强了林内水汽向上运输的运动过程,从一定程度上加大了空气湿度,为降水的发生提供了条件。

但是,仅仅依靠定性的分析是不够科学的。森林树木的蒸腾作用以及林内局部大气湍流作用所带来的水汽含量相较于宏观气象条件是有限的。风力的作用也会随机改变森林上方区域的水汽分布状况。因此,森林不可能在很大程度上改变宏观气象条件决定降水的总格局。

森林能否增加降水,在学术界一直没有普遍性的定论[21]。对于局部森林,其对局部范围内的降水量究竟是增加还是减少,应该持保留意见。与此同时,多大面积的森林才能产生局部气象效应以影响区域降水,也是需要广大学者进一步研究和探讨的问题。就本研究而言,本着“具体问题具体分析”的态度,结合芷江站和会同站 2005—2014 年的降水数据,试图研究分析出会同县杉木林对林区降水的影响规律。会同站和芷江站的累年月平均降水总量见表 4.7 和表 4.8,两站数值对比情况见图 4.4。

表 4.7　会同站 2005—2014 年累年月平均降水总量(mm)

年份	1 月	2 月	3 月	4 月	5 月	6 月	7 月	8 月	9 月	10 月	11 月	12 月
2005 年	11.4	123.1	70.1	88.3	160.1	297.5	92.5	70.1	19.2	38.2	75.6	52.8
2006 年	44.5	144	104.2	143.5	126.4	118.6	102.1	91.9	16	65.8	61.2	17.2
2007 年	72.1	56	70.9	89.8	136.7	375.5	77	125	83.3	16.9	1.7	31
2008 年	1.3	102.7	110.2	67.8	166.3	140.1	224.4	218.7	28.2	50.6	239.6	9.7
2009 年	33.8	80.9	93.9	313.5	182.9	90.9	153.7	73.8	33.4	56.1	19.1	63.8
2010 年	30.8	10.8	94	170.7	180.5	418.7	70.4	92.3	103.7	59	42.6	120.6
2011 年	—	25.3	62.2	54.6	201.8	191	11.1	43	60.7	200.6	55.5	20
2012 年	66.8	58	93.8	86.2	285.4	141.8	220.9	37.6	128.7	53.6	103.7	62
2013 年	45.2	41.2	259.8	216.3	314.2	166.7	—	106.7	179	66.2	57.3	58.6
2014 年	22.6	117.8	106.4	58.7	270.6	248.8	91.2	212	59.2	148.6	124.3	35.5
平均值	36.5	76.0	106.6	128.9	202.5	219.0	115.9	107.1	71.1	75.6	78.1	47.1

注:—表示仪器故障,数据缺失

表 4.8　芷江站 2005—2014 年累年月平均降水总量(mm)

年份	1 月	2 月	3 月	4 月	5 月	6 月	7 月	8 月	9 月	10 月	11 月	12 月
2005 年	62.6	115.8	63.3	58.9	177.7	205.5	68.9	104.8	9.6	44.5	32.4	17.6
2006 年	40.1	108	70	166.5	151.9	249.3	166.6	70.9	15	72.6	90.2	14.6
2007 年	54.2	43.1	73.2	120.5	200.4	136.1	260.6	164.5	59.3	8	0.3	29.7
2008 年	55	34.7	118.2	47.5	124.5	196.1	186.8	130	29.2	123.8	189.3	15.8
2009 年	29.7	78.4	96.9	201.6	162.2	91.3	158.7	76.6	2.3	40.1	25.5	57.7
2010 年	8.2	3.2	89.5	97	191.3	286.7	78.9	53.9	103	85	32.4	80.3
2011 年	49.2	13.2	22.3	39.8	107.8	270.4	4.9	83	55.5	94.4	35.2	7.7
2012 年	56.7	34.3	127	78.1	197.3	67.9	215.2	50.5	147.4	74.2	102	48.2
2013 年	21.2	38	142.3	134.3	222.6	108.4	2.5	84.9	218.1	39.4	83.5	33.6
2014 年	14.2	52	71.1	87.1	234	209.6	274.4	115.4	119.4	92.2	70.8	8.2
平均值	39.1	52.1	87.4	103.1	177.0	182.1	141.8	93.5	75.9	67.4	66.2	31.3

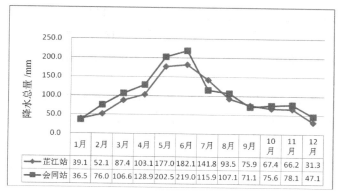

图 4.4 芷江站和会同站累年月平均降水总量对比

根据 2005—2014 年连续观测数据,芷江站的累年月平均降水总量最高值为 182.1 mm,会同站的累年月平均降水总量最高值为 219 mm,两者均出现在 6 月;芷江站的累年月平均降水总量最低值为 31.3 mm,会同站的累年月平均降水总量最低值为 36.5 mm,两者分别出现在 12 月和 1 月。芷江站和会同站的累年月平均降水总量变化趋势基本一致,都是从 1 月开始逐渐增多,且增幅保持在一个稳定的水平;4 月至 5 月累年月平均降水总量增幅最为明显,在 6 月分别达到最大值,其后数值逐渐减少,但是减小程度并不相同。芷江站的观测数据减小趋势相对平稳,直至 12 月达到最小值;会同站的观测数据在 6 月至 7 月减小幅度最为明显,超过了 100 mm,7 月后变化幅度趋于平稳,在 1 月达到最小值。

可以直观地观察到,只有在 1 月、7 月和 9 月,芷江站的观测数据大于会同站的同期观测数据,且超出部分比例较小,分别为 7.12%、22.35% 和 6.75%;在余下 9 个月,会同站的观测数据均大于芷江站的同期观测数据,且超出部分比例均大于 10%,其中最低比例为 12.17%,最高比例达到了 50.48%。会同站的累年平均降水量总值为 1 264.4 mm,芷江站的累年平均降水总量为 1 116.9 mm,可见会同县杉木林在局部范围内对降水的影响是起增加作用的,其增雨效应覆盖了全年绝大部分时间。同时,结合之前的论述,可以知道会同县杉木林的增雨效应对森林小气候的其他主要气象因子产生了较为深远的影响,通过复杂的相互作用,共同影响、改变着森林小气候的形成与发展。

通过对两组观测数据的相关性分析,可知林内外的气象数据存在着显著的相关性(sig<0.05),且相关系数较高(分别为 0.999、0.647、0.841、0.956),验证了森林小气候是基于森林对宏观气候的影响而形成的。

4.3 火险等级预警模型的建立

4.3.1 气象因子的年际变化趋势

由于所涉及数据年份跨度较小,所以仅利用各个气象因素的资料,计算 2005—2014 年 10 年间的距平值。距平是某一系列数值中的某一个数值与平均值的差,距平分正距平和负距平。距平的特征是平均值为 0,数据处理过程较方便,处理结果一目了然。

（1）空气温度年际变化趋势:从整个空气温度距平图 4.5 来看,前 5 年的距平多为正距平,后 5 年的距平多为负距平,所以纵观 2005—2014 年的空气温度年际变化,其整体下降的趋势是比较显著的。

（2）空气相对湿度年际变化趋势:从整个空气相对湿度距平图 4.6 来看,2005—2006 年为正距平,且数值相等;2007—2011 年一直为负距平,且距平值有增大的表现,并在 2011 年出现波谷;2012—2014 年是正负距平交替出现的 3 年,且在 2014 年出现了 10 年间的波峰,所以纵观 2005—2014 年的空气相对湿度年际变化,其先下降、后增长的趋势是比较明显的。

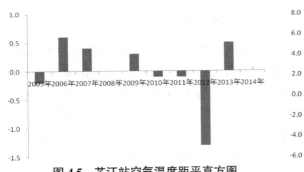

图 4.5　芷江站空气温度距平直方图　　　　图 4.6　芷江站空气相对湿度距平直方图

（3）风速年际变化趋势:从整个风速距平图 4.7 来看,正距平和负距平交替出现,风速变化趋势比较复杂,2006 年出现波峰,2007 年和 2013 年出现波谷。

（4）降水量年际变化趋势:从整个降水量距平图 4.8 来看,正距平和负距平交替出现,2011 年出现波谷,2014 年出现波峰,降水量总体上呈现增多的趋势。

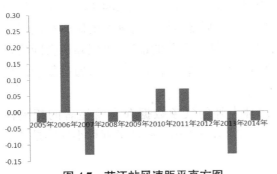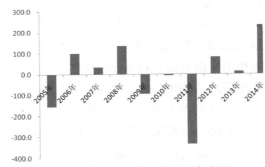

图 4.7　芷江站风速距平直方图　　　　　图 4.8　芷江站年降水量距平直方图

4.3.2　气象因子与森林火灾发生的关系

4.3.2.1　森林火灾次数年变化趋势

在 2005—2014 年间,怀化市共发生森林火灾 1 126 次,年均 112 次,如图 4.9 所示。从整体上看,林火次数随时间发展呈现下降趋势。从 2005 年开始一直到 2009 年,林火次数随着时间变化,呈现缓慢上升趋势,各年间次数相差很小,在 2009 年达到了最大值。之后林火次数一直呈现下降趋势,在 2013 年有所回升,随后下降。分析其原因可能是 2005—2009 年的空气温度相比 2010—2014 年要高,在空气相对湿度和降水量相差不大的情况下,森林内地表枯落物的含水率要更低,从而更易燃。特别是受 2008 年雨雪冰冻灾害的影响,林区出现大面积的林木倾倒、断头、断枝的现象,造成可燃物数量明显增多,厚度明显增加,为特大火灾的发生提供了丰富的物质资源,也许是林火次数在 2009 年达到了最大值的主要原因。

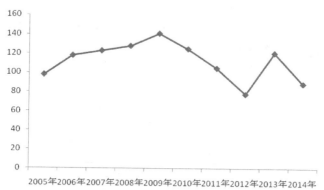

图 4.9　2005—2014 年怀化市森林火灾年变化趋势

4.3.2.2　森林火灾与气象因子的关系

由于森林火灾是在各个气象因子的综合作用下发生的,各气象因子间的复杂作用决定了实际研究时无法将它们单独分离开而又准确地反映特定年份的具体情况,更无法分析出火灾年际变化的内在规律。因此,可综合各个气象因子年际变化规律和森林火灾的年际变化规律分析结果,建立森林火灾拟合方程。这种处理方法的前提是假设森林火灾的发生与否只受气象因素的影响。因为对于相邻的年份而言,森林所处外部环境与社会因素变化不大,且不易定量化分析,因此略过不考虑。本书将选择年均空气温度、年均空气相对湿度、年均风速和年降水量等四个气象因子作为研究对象进行分析。

4.3.2.3　森林火灾与气象因子的多元线性回归

怀化市 2005—2014 年的年均空气温度、年均空气相对湿度、年均风速、年均降水量和逐年森林火灾发生次数如表 4.9 所示。

表 4.9　2005—2014 年怀化市气象数据和森林火灾数据

	年均空气温度 /℃	年均空气相对湿度 /%	年均风速 /(m/s)	年均年降水 /mm	火灾次数
2005 年	16.7	80	1.30	961.6	98
2006 年	17.5	80	1.60	1 215.7	118
2007 年	17.3	73	1.20	1 149.9	123
2008 年	16.9	71	1.30	1 250.9	128
2009 年	17.2	71	1.30	1 021.0	141
2010 年	16.8	73	1.40	1 109.4	125

	年均空气温度 /℃	年均空气相对湿度 /%	年均风速 /（m/s）	年均年降水 /mm	火灾次数
2011 年	16.8	70	1.40	783.4	105
2012 年	15.6	76	1.30	1 198.8	78
2013 年	17.4	73	1.20	1 128.8	121
2014 年	16.9	81	1.30	1 348.4	89

将森林火灾发生次数作为因变量，4 项气象因子作为自变量，借助 SPSS 软件进行多元线性回归分析，得到表 4.10 的分析结果。

表 4.10　SPSS 分析结果

模型	非标准化系数		标准系数	t	Sig.
	B	标准误差	beta		
（常量）	−112.037	143.034		−0.783	0.469
温度	23.482	7.186	0.648	3.268	0.022
相对湿度	−2.971	1.095	−0.633	−2.713	0.042
风速	21.183	35.498	0.126	0.597	0.577
降水量	0.232	0.322	0.16	0.721	0.503

多元线性回归方程各自变量的系数由表 4.10 中非标准化回归系数决定，因而所拟合方程为

$$Y = -112.037 + 23.482X_1 - 2.971X_2 + 21.183X_3 + 0.232X_4$$

其中，Y 为森林火灾发生次数，X_1 为空气温度，X_2 为空气相对湿度，X_3 为风速，X_4 为年降水量。

对于所拟合的多元线性回归方程，通过 F 检验，其 Sig 值为 0.047，显著水平为 0.05，表明所拟合的回归模型整体有效，所引入的某些自变量对因变量有一定的影响。其中，空气温度和空气相对湿度的 Sig 值分别为 0.022 和 0.042，均小于 0.05，表明这两项数据对森林火灾发生的影响最为明显。

通过进一步的分析，计算利用多元线性回归方程拟合森林火灾数据与实际火灾发生数据之间的相关性，两组数据之间的 Sig 值为 0，相关性分析结果为 0.900，因此所拟合的模型是具有统计学意义的。

表 4.10 中的 beta 列数据为标准化回归系数，将会应用到单因子火险权重计算过程中。

4.3.3　火险因子权重计算

森林火险因子的变化对森林火灾发生次数的变化有何影响？ 这是我们要重点研究的一个问题。因而，需要进行单因子火险权重的计算。

在进行多元线性回归分析计算单因子火险权重的时候,由于各项火险因子的意义不同,计量单位并不统一,所以需要对原数据进行标准化处理,消除不同计量单位的量纲,使之在统一的标准下进行权重计算,经过标准化处理后得到的数据进行的计算才有意义。

z-score 标准化,即 $X = \dfrac{x - \mu}{\sigma}$,其中 μ 为均值,σ 为标准差。

利用标准化数据处理得到的回归方程称为标准化回归方程,相应的回归系数为标准化回归系数,计算过程如下所示。

假定回归方程形如:
$$Y = a_0 + a_1 X_1 + a_2 X_2 + a_3 X_3 + a_4 X_4$$
其中,Y 为估计值;回归参数 a_0, a_1, a_2, a_3, a_4 通过最小二乘法求得。

标准化回归系数对于同一个模型的不同数据,其值越大表明对因变量的影响越大。通过 SPSS 软件进行数据处理,得到空气温度、空气相对湿度、风速、降水量等 4 项火险因子相对于森林火灾发生次数年际变化规律的标准回归系数 $a_1^*, a_2^*, a_3^*, a_4^*$ 分别为 0.648、−0.633、0.126、0.160。利用标准化回归系数确定单因子的权重计算公式为

$$p_i = |a_i^*| \Big/ \sum_{j=1}^{4} |a_j^*| \qquad\qquad (4.1)$$

其中,$p_i (i = 1, 2, 3, 4)$ 分别为各项火险因子的权重。

于是,我们得到了 4 项火险因子的权重分别如下。

空气温度火险权重:
$$p_1 = 0.414$$

空气相对湿度火险权重:
$$p_2 = 0.404$$

风速火险权重:
$$p_3 = 0.080$$

降水量火险权重:
$$p_4 = 0.102$$

以上权重说明了 4 项火险因子在同一个回归模型中对于森林火灾发生次数年际变化影响的重要程度。即针对研究区域的这 10 年而言,这 4 项火险因子对于火灾发生与否的影响力排序依次为空气温度(0.414)> 空气相对湿度(0.404)> 降水量(0.102)> 风速(0.080)。

现在已经得到了研究区域内这 4 项火险因子在同一回归模型中的权重,这对于研究区域内森林火险天气等级的确定具有重大意义。

从各项森林火险因子的权重排序来看,与预期的效果也较为吻合。空气温度无疑是对森林火灾的发生起着决定性作用的一项数值。各项气象因子的相互作用,最终都要在空气温度这一指标上得到体现。因此,空气温度对于森林火灾发生的影响权重排序第一。

空气相对湿度能够影响森林区域可燃物的含水率,包括森林树木的含水率和地面残落物的含水率。森林可燃物能否燃烧、燃烧后对林火发展的影响如何,关键在于含水率。因此,空气相对湿度对森林火灾发生的影响权重排序第二。

降水能够在一定程度上降低空气温度、提高空气相对湿度以及森林区域可燃物的含水率，对森林火灾的发生有着一定的影响。但是降水给林区带来的水汽含量改变程度也受空气温度的影响，即高温能够促进林区水分的蒸发、降低林区可燃物的含水率，从而削弱了降水对森林火灾发生次数年际变化规律的影响程度，因此降水量在该模型中的权重排序第三。

风的作用能改变森林内部气流的运动状态，包括运动方向和运动速度两个方面，在数值上改变林内其他气象因子的状态，促使林内物质的重新分配。由于风并不具备直接促使可燃物从静止到燃烧状态的改变，只能通过对可燃物含水率这一个方面间接影响森林火灾的发生。假定林内可燃物的含水率已经下降到易于燃烧的状态，这时风速的大小对火灾发生与否并没有太大的影响。从另一个角度来看，风速的大小在森林火灾发生后，对于火情的蔓延却是十分关键的一个因素。因此，风速对于森林火灾发生的影响权重排在最后一位。

4.3.4 森林火险天气等级预警模型

4.3.4.1 全国森林火险天气指数的划分

目前，全国森林火险天气等级的划分依据是行业标准《全国森林火险天气等级》（LY/T 1172—1995），各个森林火险气象指数的数值规定如表 4.11 至表 4.15 所示。

表 4.11　每日最高空气温度的森林火险天气指数 *A* 值

空气温度等级	最高空气温度 /℃	森林火险天气指数
一	≤ 5.0	0
二	5.1~10	4
三	10.1~15.0	8
四	15.1~20.0	12
五	20.1~25.0	16
六	≥ 25.1	20

表 4.12　每日最小相对湿度的森林火险天气指数 *B* 值

相对湿度等级	最小相对湿度 /%	森林火险天气指数
一	≥ 71	0
二	61~70	4
三	51~60	8
四	41~50	12
五	31~40	16
六	≤ 30	20

表 4.13　降水日及其后的连续无降水日数的森林火险天气指数 C 值

降水量 /mm	当日	1 日	2 日	3 日	4 日	5 日	6 日	7 日	8 日
0.3~2.0	10	15	20	25	30	35	40	45	50
2.1~5.0	5	10	15	20	25	30	35	40	45
5.1~10.0	0	5	10	15	20	25	30	35	40
≥ 10.0	0	0	5	10	15	20	25	30	35

注:降水量小于 0.3 mm 作为无降水计算。C 值为 30 以上时,每延续一日,C 值增加 5,C 值为 50 以上时,仍以 50 计算。

表 4.14　每日最大风力等级的森林火险天气指数 D 值

风力等级	风速 /(m/s)	森林火险天气指数
0	0.0~0.2	0
1	0.3~1.5	5
2	1.6~3.3	10
3	3.4~5.4	15
4	5.5~7.9	20
5	8.0~10.7	25
6	10.8~13.8	30
7	13.9~17.1	35
8	17.2~27.0	40

表 4.15　生物及非生物物候季节的影响的订正指数 E 值

等级	绿色覆盖(草木生长期)	白色覆盖(积雪期)	物候季节订正指数 E
一	全部绿草覆盖	90% 以上积雪覆盖	20
二	75% 绿草覆盖	60% 积雪覆盖	15
三	50% 绿草覆盖	30% 积雪覆盖	10
四	20% 绿草覆盖	10% 积雪覆盖	5
五	没有绿草	没有积雪	0

4.3.4.2　全国森林火险天气等级的划分

根据以上各个森林火险气象指数值 A、B、C、D、E,每日的森林火险天气指数 HTZ 的计算公式为

$$HTZ = A + B + C + D - E$$

行业标准《全国森林火险天气等级》所拟定的森林火险天气等级标准如表 4.16 所示。

表 4.16 全国森林火险天气等级标准查对表

森林火险天气等级	危险程度	易燃程度	蔓延程度	森林火险天气指数 HTZ
一	没有危险	不能燃烧	不能蔓延	$\leqslant 25$
二	低度危险	难以燃烧	难以蔓延	26~50
三	中度危险	较易燃烧	较易蔓延	51~72
四	高度危险	容易燃烧	容易蔓延	73~90
五	极度危险	极易燃烧	极易蔓延	$\geqslant 91$

注:表中的森林火险天气等级为每日最高森林火险天气等级,其等级标准由森林火险天气指数 HTZ 查对。

我国林火预报研究虽然起步较晚,但是发展迅速,各地纷纷根据本地区的实际情况构建了森林火险等级的计算方法。这些森林火险等级的计算方法虽然不同,但是都具有一定的相似性[22]。这些研究成果主要是选取空气温度、空气相对湿度、降水量、风速等气象因子建立森林火灾模型,为所研究地区的森林火险等级做了较好的估计,起到预期的火险等级预警作用。

4.3.4.3 森林火险天气指数的修正

现有森林火险天气等级指标体系是针对全国范围内各林区的防火要求制定的,由于各地区的气象因素、环境因素存在差异,故需对森林火险天气指数进行修正。下面以会同县杉木林小气候为例,引入各项火险因子的权重,对森林火险天气指数进行加权修正,根据研究区域条件的差异性重新确定各项森林火险天气指数,建立森林火险天气等级预警模型,为会同县杉木林小气候森林火险天气等级建立了理论依据。

依据行业标准《全国森林火险天气等级》行业标准计算森林火险气象指数时,各地采用的是宏观气候数据的气象指数(即 A、B、C、D 值)与林区生物及非生物物候季节的影响的订正指数(即 E 值)共同计算得出的。由于我们研究的气象数据均为会同县杉木林的实测森林小气候数据的森林火险气象指数(即 a、b、c、d 值),数据本身就已经将林区的生物及非生物物候季节的影响包含在内,所以在计算会同县森林火险气象指数的时候,不需要考虑上述的 E 值。

更重要的是,前面已经将会同县杉木林的小气候数据和宏观气象数据分类别进行了对比分析,我们已经对林区对宏观气候的影响程度和影响规律有了定性的了解,所以在计算会同县森林火险气象指数的时候,我们需要对 A、B、C、D 值进行必要的修正,以求得符合研究要求的 a、b、c、d 值,为最后的会同县森林火险天气等级的判定奠定基础。

从行业标准《全国森林火险天气等级》中各项森林火险气象指数表中可以观察到,A、B、C、D 的最大值分别为 20、20、50 和 40。现在假设某一天的各项气象条件均达到了单项森林火险气象指数的最大值,从数值上判断,A、B、C、D 的最大值在森林火险气象指数最大值(即 130)中所占比重分别为 0.154、0.154、0.384 和 0.308。现在引入空气温度、空气相对湿度、风速、降水量等火险因子对森林火灾发生的影响权重 p_1, p_2, p_3, p_4,分别为 0.414、0.404、0.080 和 0.102。

为了寻求一种合理的方式对各个森林火险气象指数的划分数值进行修正,不妨用各项火险因子对森林火灾发生的影响权重值与 A、B、C、D 等条件在森林火险气象指数中所占比重做商,再将得到的比值与各项森林火险天气指数相乘,得到适用于基于研究区域的森林小气候数据的森林火险气象指数表。具体操作如下。

最高空气温度森林火险修正指数:

$$M_1 = 0.414 / \frac{20}{20+20+40+50} = 2.688$$

最低空气相对湿度森林火险修正指数:

$$M_2 = 0.404 / \frac{20}{20+20+40+50} = 2.623$$

降水日及其后的连续无降水日数森林火险修正指数:

$$M_3 = 0.102 / \frac{50}{20+20+40+50} = 0.266$$

最大风速森林火险修正指数:

$$M_4 = 0.080 / \frac{40}{20+20+40+50} = 0.260$$

这样,通过对全国森林火险气象指数的修正,得到了适用于会同县杉木林的森林火灾气象指数,具体见表 4.17 至表 4.20,为会同县杉木林火险天气等级的判定奠定了基础。

表 4.17　会同县杉木林每日最高空气温度的森林火险天气指数 a 值

空气温度等级	最高空气温度 /℃	森林火险天气指数
一	≤ 5.0	0
二	5.1~10	$4M_1$
三	10.1~15.0	$8M_1$
四	15.1~20.0	$12M_1$
五	20.1~25.0	$16M_1$
六	≥ 25.1	$20M_1$

表 4.18　会同县杉木林每日最小相对湿度的森林火险天气指数 b 值

相对湿度等级	最小相对湿度 /%	森林火险天气指数
一	≥ 71	0
二	61~70	$4M_2$
三	51~60	$8M_2$
四	41~50	$12M_2$
五	31~40	$16M_2$
六	≤ 30	$20M_2$

表 4.19　会同县杉木林降水日及其后的连续无降水日数的森林火险天气指数 c 值

降水量 mm	当日	1 日	2 日	3 日	4 日	5 日	6 日	7 日	8 日
0.3~2.0	$10M_3$	$15M_3$	$20M_3$	$25M_3$	$30M_3$	$35M_3$	$40M_3$	$45M_3$	$50M_3$
2.1~5.0	$5M_3$	$10M_3$	$15M_3$	$20M_3$	$25M_3$	$30M_3$	$35M_3$	$40M_3$	$45M_3$
5.1~10.0	0	$5M_3$	$10M_3$	$15M_3$	$20M_3$	$25M_3$	$30M_3$	$35M_3$	$40M_3$
≥10.0	0	0	$5M_3$	$10M_3$	$15M_3$	$20M_3$	$25M_3$	$30M_3$	$35M_3$

注：降水量小于 0.3 mm 作为无降水计算。c 值为 $30M_3$ 以上时，每延续一日，c 值增加 $5M_3$，c 值为 $50M_3$ 以上时，仍以 $50M_3$ 计算。

表 4.20　会同县杉木林每日最大风力等级的森林火险天气指数 d 值

风力等级	风速 /（m/s）	森林火险天气指数
0	0.0~0.2	0
1	0.3~1.5	$5M_4$
2	1.6~3.3	$10M_4$
3	3.4~5.4	$15M_4$
4	5.5~7.9	$20M_4$
5	8.0~10.7	$25M_4$
6	10.8~13.8	$30M_4$
7	13.9~17.1	$35M_4$
8	17.2~27.0	$40M_4$

4.3.4.4　森林火险天气指数计算

根据前面森林火险天气等级的修正指数，森林火险天气指数 HTZ 的计算公式为

$$HTZ=a+b+c+d$$

有了森林火险天气指数 HTZ，可通过全国森林火险天气等级标准查对表查出森林火险天气等级，从而做出森林火险预报和预警。

4.4　预报效果检验

在对行业标准《全国森林火险天气等级》进行修正的基础上得到了适用于会同县杉木林的火险天气等级判定模型。整个修正过程符合理论研究，但是修正后的指数能否从实际应用角度出发进行森林火险等级预警模型的输出，还需要进行预报效果检验。

根据怀化市 2005—2014 年森林火灾发生次数年变化趋势可以知道，2008 年和 2009 年是森林火灾发生次数最频繁的两个年份。结合湖南省林业厅和湖南省森林防火指挥部在 2008 年 3 月的工作报告内容："综合专家意见和基层调查的情况看，今年湖南省具备了发生特大森林火灾的物质条件，森林防火进入非常时期，将出现历史同期最高森林火险等级。"所以，本研究选取 2008 年 3 月作为主要预报效果检验案例，对两种不同标准下会同县杉木林森林火险天气等级的划分情况做对比，并与同时期的森林火险天气等级划分情况做对比

分析,具体情况见表 4.21。

表 4.21　2008 年 3 月森林火险天气等级表

日期	最高温度/℃	温度指数	修正指数	最低相对湿度/(%)	湿度指数	修正指数	最大风速/(m/s)	最大风速指数	修正指数	降水量/(mm)	降水量指数	修正指数	火险指数	火险等级	修正火险指数	修正火险等级
1	-1.2	0	0	55	8	21	0.0	0	0	0	25	7	33	2	28	2
2	3.2	0	0	62	4	10	0.0	0	0	0	30	8	34	2	18	1
3	2.8	0	0	67	4	10	0.0	0	0	0	35	9	39	2	20	1
4	21.5	16	43	21	20	52	2.0	10	3	0	40	11	86	4	109	5
5	23.8	16	43	26	20	52	1.0	5	1	0	45	12	86	4	109	5
6	18.7	12	32	44	12	31	3.2	10	3	0	50	13	84	4	80	4
7	15.5	12	32	47	12	31	3.4	15	4	0	0	0	39	2	68	3
8	23.0	16	43	43	12	31	3.9	15	4	0	5	1	48	2	80	4
9	23.1	16	43	40	16	42	4.0	15	4	4	5	1	52	3	90	4
10	12.3	8	22	100	0	0	2.5	10	3	2	10	3	28	2	27	2
11	16.5	12	32	79	0	0	2.3	10	3	0	15	4	37	2	39	2
12	12.0	8	22	80	0	0	0.2	0	0	1	10	3	18	1	24	1
13	14.0	8	22	84	0	0	0.2	0	0	5	5	1	13	1	23	1
14	22.0	16	43	70	4	10	0.4	5	1	2	10	3	35	2	57	3
15	19.5	12	32	84	0	0	1.2	5	1	9	0	0	17	2	34	2
16	16.8	12	32	100	0	0	2.6	10	3	2	5	1	27	2	36	2
17	13.4	8	22	89	0	0	0.3	5	1	21	0	0	13	1	23	1
18	12.4	8	22	100	0	0	0.0	0	0	4	0	0	8	1	22	1
19	13.5	8	22	100	0	0	1.0	5	1	0	10	3	23	1	25	2
20	13.0	8	22	100	0	0	1.4	5	1	1	10	0	13	1	23	1
21	20.2	16	43	74	0	0	0.3	5	1	0	0	0	21	2	44	2
22	24.0	16	43	89	0	0	1.2	5	1	13	0	0	21	1	44	2
23	19.5	12	32	97	0	0	0.2	0	0	0	0	0	12	1	32	2
24	16.5	12	32	99	0	0	2.3	10	3	0	5	1	27	2	36	2
25	18.5	12	32	45	12	31	3.2	10	3	20	0	0	34	2	66	3
26	25.0	16	43	21	20	52	0.4	5	1	0	0	0	41	1	97	5
27	25.4	20	54	27	20	52	1.2	5	1	2	10	3	55	3	110	5
28	20.8	16	43	92	0	0	0.4	5	1	2	10	3	31	2	47	2
29	20.8	16	43	54	8	21	0.3	5	1	1	10	3	39	2	68	3
30	18.5	12	32	81	0	0	0.2	0	0	4	5	1	17	1	34	2
31	25.5	20	54	74	0	0	3.2	10	3	0	10	3	40	2	59	3

　　如表 4.21 所示为 2008 年 3 月会同县杉木林森林小气候逐日数据、不同标准下各项火险因子的气象指数以及火险气象等级。需要对月初 6 天的降水指数进行解释,由于从 2 月底就连续无降水,而降水指数是根据连续无降水的天数确定的,持续天数越长,数值越大,所以从 3 月 1 日开始降水指数就为连续增加几天之后的数值。

　　通过对原有的火险天气等级以及修正后的火险天气等级的对比分析,可以发现,修正等级比原有等级高的天数为 16 天,修正等级与原有等级持平的天数为 13 天,修正等级比原有等级低的天数仅为 2 天。具体分析修正等级高于原有等级的各项火险因子数据,可以发现修正过程突出了空气温度、空气相对湿度的气象指数权重因素,降低了降水量和风速的气象指数的作用。这个修正的过程正是体现了各项火险因子对于森林火灾发生影响权重的不同所造成的森林火险气象指数的变化。同样的原理也可以解释修正等级与原有等级持平、修正等级低于原有等级两种情况。

　　修正等级与原有等级存在着不同的情况,大多数的等级变动均为 1 个等级差。但是有 2 天相差 2 个等级,有 1 天甚至相差 4 个等级,这 3 天的等级变化情况均为修正等级高于原有等级。修正等级与原有国家标准下等级有所差异的情况与本研究所预期的效果相符,因为国家标准是对全国各地区的火险天气等级所做的统一规范,但每个地区森林火险因素的实际观测数值以及权重的赋予有所差异,这就不可避免地在各个地区的应用中存在着一定的局限性。通过同样的处理方法,本研究还对 2008 年 3 月的同期,即 2005—2007 年的 3 月进行了森林火险天气等级的修正,具体情况见表 4.22 至表 4.24。表 4.25 为 2005—2008 年各年 3 月的森林火险天气等级出现次数统计表。

　　如表 4.25 所示,2005 年 3 月的森林火险天气等级大多数集中在 1 级和 2 级,3 级及以上的次数为 7 次,没有出现 5 级;2006 年 3 月的森林火险天气等级比 2005 年同期要稍高,主要体现在 3 级出现的次数多于 2005 年同期,且出现了 1 次 5 级;2007 年 3 月的森林火险天气等级大多集中在 1 级和 2 级,没有出现 5 级;2008 年 3 月的森林火险天气等级明显高于前三年的同期水平,1 级和 2 级出现的次数(19 次)低于前三年同等级的平均次数(22 次),3 级及以上出现的次数(12 次)多于前三年同等级的平均次数(9 次),且出现了 4 次 5 级森林火险天气等级,前三年一共仅出现过 1 次 5 级森林火险天气等级。

　　很明显,该统计表表明 2008 年 3 月的确出现了历史同期最高森林火险等级,同样也从另一个角度证明了本研究所修正得到的森林火险天气等级模型预报工作的准确性。

表 4.22　2005 年 3 月森林火险天气等级表

日期	最高温度/℃	温度指数	修正指数	最低相对湿度/(%)	湿度指数	修正指数	最大风速/(m/s)	最大风速指数	修正指数	降水量/(mm)	降水量指数	修正指数	火险指数	火险等级	修正火险指数	修正火险等级
1	7.4	4	11	75	0	0	2.5	10	3	0	15	4	29	2	17	1
2	11.2	8	22	60	8	21	3.9	15	4	1.8	10	3	41	2	49	2
3	13.6	8	22	52	8	21	3.2	10	3	0	15	4	41	2	49	2
4	14.9	8	22	50	12	31	0.5	5	1	0	20	5	45	2	60	3
5	16.3	12	32	31	16	42	2.8	10	3	0	25	7	63	3	83	4
6	19.3	12	32	34	16	42	3.5	15	4	0	30	8	73	4	86	4
7	20.4	16	43	45	12	31	4	15	4	0	35	9	78	4	88	4
8	16.5	12	32	63	4	10	3.5	15	4	2.7	5	1	36	2	48	2
9	16.9	12	32	78	0	0	2.3	10	3	0	10	3	32	2	38	2
10	20.4	16	43	76	0	0	2	10	3	0	15	4	41	2	50	2
11	18.2	12	32	94	0	0	7	20	5	0	20	5	52	3	43	2
12	5.0	0	0	92	0	0	5.8	20	5	0.6	10	3	30	2	8	1
13	3.7	0	0	73	0	0	1.5	10	3	0	15	4	20	1	5	1
14	12.6	8	22	48	12	31	2.5	10	3	0	20	5	50	2	61	3
15	12.4	8	22	70	4	10	2.5	10	3	0	25	7	47	2	41	2
16	10.5	8	22	100	0	0	2.2	10	3	2.7	5	1	23	1	25	1
17	11.0	8	22	86	0	0	3.8	15	4	0	10	3	33	2	28	2
18	10.5	8	22	55	8	21	6	20	5	0	15	4	51	3	52	3
19	9.5	4	11	60	8	21	2.2	10	3	0.4	10	3	32	2	37	2
20	8.0	4	11	100	0	0	1	5	1	0.2	15	4	24	1	16	1
21	11.6	8	22	90	0	0	5.2	15	4	0	20	5	43	2	31	2
22	10.3	8	22	92	0	0	5	15	4	5	5	1	28	2	27	2
23	11.2	8	22	68	4	10	2.8	10	3	0	15	4	32	2	37	2
24	18.8	12	32	35	16	42	3.1	10	3	0	15	4	53	3	81	4
25	14.8	8	22	75	0	0	1.2	5	1	0	20	5	33	2	28	2
26	12.7	8	22	96	0	0	6	20	5	5.7	0	0	28	2	27	2
27	11.7	8	22	92	0	0	1.5	5	1	0.4	10	3	23	1	25	1
28	16.5	12	32	69	4	10	2.8	10	3	2.6	5	1	31	2	47	2
29	12.0	8	22	100	0	0	5	15	4	0	10	3	33	2	28	2
30	11.8	8	22	94	0	0	2.5	10	3	0	15	4	33	2	28	2
31	17.2	12	32	71	0	0	2	10	3	0	20	5	42	2	40	2

表 4.23　2006 年 3 月森林火险天气等级表

日期	最高温度/℃	温度指数	修正指数	最低相对湿度/(%)	湿度指数	修正指数	最大风速/(m/s)	最大风速指数	修正指数	降水量/(mm)	降水量指数	修正指数	火险指数	火险等级	修正火险指数	修正火险等级
1	10.5	8	22	52	8	21	3.8	15	4	0	10	3	41	2	49	2
2	15.0	8	22	29	20	52	2.5	10	3	0	15	4	53	3	81	4
3	20.5	16	43	32	16	42	2	10	3	0	20	5	62	3	93	5
4	17.0	12	32	65	4	10	1.8	10	3	6.6	0	0	26	2	45	2
5	18.0	12	32	75	0	0	1.5	5	1	0	5	1	22	1	35	2
6	14.5	8	22	100	0	0	0.5	5	1	0.6	10	3	23	1	25	1
7	16.5	12	32	88	0	0	0.5	5	1	2.3	5	1	22	1	35	2
8	17.5	12	32	94	0	0	0.2	5	0	4.7	5	1	17	1	34	2
9	19.5	12	32	75	0	0	1.8	10	3	0	10	3	32	2	38	2
10	25.0	16	43	63	4	10	2.5	10	3	0	15	4	45	2	60	3
11	19.8	12	32	96	0	0	5.8	20	5	0	20	5	52	3	43	2
12	19.5	12	32	100	0	0	5.3	15	4	10	25	7	52	3	43	2
13	1.0	0	0	82	0	0	2.5	10	3	15.5	0	0	10	1	3	1
14	6.0	4	11	68	4	10	1	5	1	0	0	0	13	1	23	1
15	8.5	4	11	89	0	0	0	0	0	0	5	1	9	1	12	1
16	14.0	8	22	67	4	10	1	5	1	0	10	3	27	2	36	2
17	14.0	8	22	94	0	0	2	10	3	0	15	4	33	2	28	2
18	17.8	12	32	52	8	21	3	10	3	1.9	10	3	40	2	59	3
19	17.5	12	32	52	8	21	3.2	10	3	0	15	4	45	2	60	3
20	14.8	8	22	77	0	0	3.8	15	4	0.6	10	3	33	2	28	2
21	15.5	12	32	80	0	0	1.5	5	1	52	0	0	17	1	34	2
22	13.0	8	22	100	0	0	7	20	5	0	0	0	28	2	27	2
23	13.0	8	22	76	0	0	5	15	4	8.7	0	0	23	1	25	1
24	13.8	8	22	48	12	31	1	5	1	0	5	1	30	2	56	3
25	13.8	8	22	89	0	0	0.1	0	0	1.3	10	3	18	1	24	1
26	17.5	12	32	57	8	21	1.5	5	1	0	15	4	40	2	59	3
27	21.0	16	43	45	12	31	1.5	5	1	0	20	5	53	3	81	4
28	23.5	16	43	47	12	31	3.5	15	4	0	25	7	68	3	85	4
29	23.5	16	43	76	0	0	4	15	4	0	30	8	61	3	55	3
30	23.5	16	43	65	4	10	0.1	0	0	0	35	9	55	3	63	3
31	23.5	16	43	86	0	0	3.8	15	4	0	40	11	71	3	58	3

表 4.24　2007 年 3 月森林火险天气等级表

日期	最高温度/℃	温度指数	修正指数	最低相对湿度/(%)	湿度指数	修正指数	最大风速/(m/s)	最大风速指数	修正指数	降水量/(mm)	降水量指数	修正指数	火险指数	火险等级	修正火险指数	修正火险等级
1	13.4	8	22	100	0	0	7.5	20	5	0	15	4	43	2	31	2
2	19.3	12	32	77	0	0	5.8	20	5	0	20	5	52	3	43	2
3	28.1	20	54	54	8	21	3	10	3	0	25	7	63	3	84	4
4	17.5	12	32	89	0	0	2.2	10	3	26.4	0	0	22	1	35	2
5	11.2	8	22	89	0	0	4.8	15	4	4.8	0	0	23	1	25	1
6	4.9	0	0	95	0	0	3.5	15	4	2.7	5	1	20	1	5	1
7	7.3	4	11	67	4	10	2.5	10	3	0	10	3	28	2	27	2
8	7.5	4	11	77	0	0	2.2	10	3	2.4	5	1	19	1	15	1
9	10.5	8	22	68	4	10	0.5	5	3	0	10	3	27	2	36	2
10	17.6	12	32	49	12	31	4	15	4	0	15	4	54	3	72	3
11	13.0	8	22	64	4	10	6.2	20	5	0	20	5	52	3	43	2
12	9.2	4	11	86	0	0	3.3	10	3	0.4	10	3	24	1	16	1
13	14.2	8	22	84	0	0	2.1	10	3	0	15	4	33	2	28	2
14	17.2	12	32	85	0	0	5.3	15	4	0	20	5	47	2	41	2
15	10.0	4	11	100	0	0	6	20	5	1.4	10	3	34	2	19	1
16	8.0	4	11	98	0	0	7.5	20	5	1	10	3	34	2	19	1
17	6.7	4	11	100	0	0	5.2	15	4	1.7	10	3	29	2	17	1
18	4.0	0	0	100	0	0	2.6	10	3	10.8	0	0	10	1	3	1
19	8.5	4	11	78	0	0	3	10	3	0	10	3	14	1	13	1
20	18.0	12	32	45	12	31	1.5	5	1	0	5	1	34	2	66	3
21	18.5	12	32	51	8	21	2.5	10	3	0	10	3	40	2	59	3
22	14.2	8	22	96	0	0	1	5	1	1.1	10	3	23	1	25	1
23	20.5	16	43	79	0	0	3	10	3	0.5	10	3	36	2	48	2
24	18.5	12	32	81	0	0	3	10	3	0.5	10	3	32	2	38	2
25	17.5	12	32	78	0	0	2.5	10	3	13.3	0	0	22	1	35	2
26	15.5	12	32	100	0	0	2.2	10	3	0	10	3	22	1	35	2
27	21.5	16	43	75	0	0	2	10	3	1.2	10	3	36	2	48	2
28	24.5	16	43	58	8	21	3	10	3	1.3	10	3	44	2	69	3
29	28.0	20	54	62	4	10	4	15	4	0	15	4	54	3	72	3
30	29.0	20	54	62	4	10	5	15	4	0	20	5	59	3	73	4
31	30.0	20	54	57	8	21	5	15	4	0	25	7	68	3	85	4

表 4.25　2005—2008 年各年 3 月的森林火险天气等级次数

年份	1 级	2 级	3 级	4 级	5 级
2005 年	6	18	3	4	0
2006 年	6	13	8	3	1
2007 年	10	13	5	3	0
2008 年	7	12	5	3	4

参考文献

[1] 肖化顺,刘小齐,曾思齐. 欧美国家林火研究现状与展望 [J]. 西北林学院学报，2012, 27（2）: 131-136.

[2] AMIRO B D, STOCKS B J, ALEXANDER M E, et al. Fire, climate change, carbon and fuel management in the Canadian boreal forest[J].International Journal of Wildland Fire, 2001, 10（4）: 405-413.

[3] 陈佳瀛. 城市森林小气候效应的研究：以上海市浦东外环林带为例 [D]. 上海：华东师范大学, 2006.

[4] NOWAK D J, PASEK J E, SEQUEIRA R A, et al. Potential effect of Anoplophora glabripennis on urban trees in the United States[J]. Journal of Economic Entomology, 2001, 94（1）: 116-122.

[5] NOWAK D J, CRANE D E, DWYER J F. Compensatory value of urban trees in the United States[J]. Journal of Arboriculture, 2002, 28（4）: 194-199.

[6] MILLER R W. Urban forestry[M].New Jersey：Prentice Hall, 1996.

[7] 曾士余,朱劲伟,冯宗炜,等. 杉木人工林辐射状况的初步分析 [J]. 生态学, 1985, 4（5）: 19-23.

[8] 徐文铎,何兴元,陈玮,等. 沈阳城市森林小气候特征的研究 [J]. 应用生态学报, 2005, 16（9）: 1650-1654.

[9] 张一平,刘玉洪,马友鑫,等. 热带森林不同生长时期的小气候特征 [J]. 南京林业大学学报：自然科学版, 2002, 26（1）: 83-87.

[10] 王宏. 森林火灾的自动识别 [D]. 沈阳：沈阳工业大学, 2008.

[11] 冷春艳. 基于红外图像处理的森林火灾识别关键技术研究 [D]. 成都：电子科技大学, 2012.

[12] 杨美和,高颖仪,张启昌. 林火发生动态数学模型的研究：森林火灾波谱与气象火灾序列的建立 [J]. 吉林林学院学报, 1996, 12（4）: 202-208.

[13] 杨景标,马晓茜. 基于人工神经网络预测广东省森林火灾的发生 [J]. 林业科学, 2005, 41（4）: 127-132.

[14] 傅泽强,孙启宏,蔡运龙,等. 基于灰色系统理论的森林火灾预测模型研究 [J]. 林业科

学,2002,38(5):95-100.

[15]　姜学鹏,徐志胜,冷彬.火灾预测的模糊马尔柯夫模型[J].灾害学,2006,21(3):27-32.

[16]　田应福,金百锁,缪柏其,等.日本林火的广义线性模型[J].统计与决策,2006(14):50-52.

[17]　钱柯君,方遥.森林小气候研究在森林防火中的应用前景[J].农村经济与科技,2015,26(11):57-58.

[18]　陈国瑞,李天佑,俞益武,等.杭州常绿阔叶林对林内近地层温度和湿度的调节效应[J].浙江林学院学报,1994,11(2):151-158.

[19]　赵仲辉,罗茜,黄志宏,等.长沙城市森林对气温的调节效应[J].中南林业科技大学学报,2011,31(5):31-36.

[20]　冯海霞,侯元兆,冯仲科.山东省森林调节温度的生态服务功能[J].林业科学,2010,46(5):20-26.

[21]　田磊,杨建玲,翟涛,等.森林对降水的影响概述[J].宁夏农林科技,2012,53(4):19-22.

[22]　孙萍,李大伟.10种国内森林火险计算方法的相似性研究[J].中南林业科技大学学报,2013,33(5):16-21.

第5章 水稻农业气象信息预警

影响农业生产的重要因素是天气气候条件。持续干旱、严重洪涝、高温、低温等气象灾害,可导致大规模农作物严重减产。近年来,由于气候变化导致农业气象灾害出现频率高、强度大、危害日益严重的态势,进而导致主要粮食作物产量的下降,已对国家农业可持续发展和粮食安全构成了严重威胁。各级政府决策机构迫切需要及时掌握大面积农业气象灾害分布监测实况及可靠预报信息,社会公众特别是农户也迫切需要获得及时准确的农业气象灾害监测预报信息,以便及时采取相应的防御对策。因此,需要掌握和了解这些气象灾害形成、发生和发展的时空规律和防御知识,农作物生长发育与气象条件的关系,结合专家经验以及相应的技术对各类气象灾害进行定性和定量的分析,并建立气象预警机制。将天气预报与灾害指标有机结合起来,可以实现包括农作物所处关键期的致灾因子和防御措施等气象灾害的预警,能够将气象灾害预警信息通过手机短信的形式及时发送到农民手中,帮助农民趋利避害,利用有利的气候资源优势,防御或减轻农业气象灾害的损失,降低生产成本,增加种植效益。

5.1 研究背景

农业气象灾害对农业生产是一个极大的威胁,对农业生产造成的损失也非常严重。目前,众多农业气象灾害预警系统将防控重点放在建设预警信息发布系统上。农业气象灾害预报对农作物的针对性不强,在农业气象灾害预测、预警中,针对具体农作物的灾害指标不精确,实时性、针对性不强,会使农民因为缺乏科学的防御措施而错过最佳防御气象灾害的时段,给他们造成巨大的经济损失。

5.1.1 农业气象灾害预警系统研究

自20世纪70年代以来,国内外就有学者开展农业气象灾害方面的研究,内容由最初分析农业气象灾害特征、受害机理,逐步发展到当前农业气象灾害监测、评估、预报预警等技术的研究。而近几年,国内在农业气象灾害预报预警等方面的研究也取得了明显的成效。国家级和省级农业气象业务部门采用遥感遥测、统计分析、作物生长模拟等方法和技术开展了农业气象灾害的监测、预警和评估业务,建立了农业气象灾害的指标体系、主要农业气象灾害的监测预警评估业务流程和业务系统,研发了农业干旱、洪涝、冻害、霜冻、低温冷害、寒害、干热风、高温热害、寒露风和冰雹等农业气象灾害的监测、预警和评估业务产品,开展了有效的系列化服务。侯双双等[1]运用马尔柯夫转移概率和农业气象灾害指标时间序列的概率密度函数对山西运城农业旱涝状态进行了风险预测。安徽省气象局利用淮北地区主要气象台站的历年气象和土壤墒情资料,结合该地中长期天气预报,开发出了农业干旱监测预警与决策服务系统,可以实现对淮北地区农业干旱的检测和预警功能[2]。杨林[3]建立了"基于 GIS 的福建省气候监测与灾害预警系统",该系统具有数据处理、监测预警、诊断分析和图像制作等功能,能够对系统辖区内发生的各种气象灾害和异常气候事件进行监测预警和开展科学研究工作。广东省气象局根据灾害的特点建立了灾害指标库,并利用自动观测站的实时数据,建立了农业气象灾害监测业务系统,可以对风、温度和降水等气象实测资料进行分析,判断本地区灾害发生的时间、地点和轻重程度等。这些灾害指标及系统的研究,为当地农业丰产丰收提供了良好的气象服务。

5.1.2 气候适宜度研究

气候适宜度理论主要在农作物生长气候适宜性评价、农作物产量预测评估、农业生态气候区划以及农作物种植等方面有主要应用。姚小英等[4]研究了气候暖干化背景下甘肃旱作区玉米气候适宜性变化规律,认为玉米在全生育期中与温度、光照成正相关,温度、光照适宜度呈上升趋势,与降水呈负相关,降水适宜度呈下降趋势,得出玉米在不同发育阶段,光、温、水适宜度随年份变化的趋势不一样。目前,针对气候适宜度结合气象预警的研究还很少见,因此本书通过研究气象因子的适宜度得出气候适宜度,对水稻的生长发育条件进行定量评价,可以帮助农民合理地开展农业生产活动,规避风险。

5.1.3 农作物气象产量预报研究

从 20 世纪 80 年代中后期开始,在农作物产量气象预报业务化试验的基础上,全国气象产量预报工作有了较大的进展,20 世纪 90 年代至今,在全国已经逐步建成国家级、省级和市县级的农作物产量气象预报业务系统,为各级政府和相关部门开展不同范围的农作物产量气象预报服务。针对预报方法和预报模型可以将农作物产量预报分为以下几类。

(1)统计预报,主要采用相关回归分析研究农作物产量与气象影响因子之间的统计关系,建立相应的统计预报模式,经显著性检验后应用于预报。这是一种比较客观、严密的预报方法,是目前实际应用得最广泛的一种方法。其主要方法有丰歉指数法、适宜度指数法、气象关键因子法等。李树岩等以河南省 13 个地市 1990—2006 年逐旬光温水气象资料为基础,通过相关分析确定了影响河南省夏玉米产量的关键气象因子,建立了 7 月中旬至 9 月中旬的夏玉米气象产量预报模型等。

(2)遥感预报,即应用遥感技术估测农作物产量的方法,它是在距离被测对象一定距离外,借助电磁波辐射感应原理,感应被测对象所辐射或反射的电磁波特征,结合气象及其他有关资料,分析、判断被测对象的生长状况和种植面积,并综合估测最终的可能产量。黄健熙等[6]选择河北省衡水地区的冬小麦作为研究对象,选择 WOFOST 作物生长模型,MODIS叶面积指数为遥感监测,集合卡尔曼滤波算法为同化算法,开展同化遥感信息,进行冬小麦产量估测。

(3)动力(态)生长模拟预报,即数值模拟方法在农业气象产量预报中的一种具体应用。

基于作物生长过程中的物质、能量平衡和转换原理,利用作物生长发育观测的基本资料和气象资料,从模拟作物生长发育的基本生理过程着手,模拟作物产量形成和干物质积累的产量预报方法。

5.2　水稻气候适宜度预警模型

气候适宜度属于农业气候学范畴,可以反映气候条件随时间变化过程中对农作物生长发育影响的程度。目前,关于气候适宜度的研究大多数是基于农作物大类,还没有具体明确到具体的农作物品种。对气候适宜度的研究大都是基于时间大尺度进行的,因此气象条件对于作物生长的影响具有明显的跳跃性,并不是一个连续的变化过程。为了更精细地刻画水稻生长气候条件适宜程度随时间变化的过程,结合水稻的具体生育周期的气象特征,建立基于日尺度的气候适宜度模型非常必要。

5.2.1　关键气象因子

水稻为喜温作物,受天气、气候条件的影响。日照、温度、水是水稻生存和生长发育的基本条件。

日照对水稻的早期发育阶段影响微弱,但随着水稻生育期的发展,到了水稻出穗期时,日照对水稻的影响变得极其重要。水稻作为短日照植物,长期缺乏日照会对水稻的营养生长期造成影响,如缩短营养生产期和生育期,造成水稻产量降低。

温度因素主要包括日平均气温、日最低气温、日最高气温和昼夜温差。这些因素会对水稻的生育进程、光合作用强度、有机物的积累等方面产生影响。例如日平均气温对水稻的生长发育速度有重要的影响,水稻在各个生育期阶段,受日平均气温的影响也不同。

水是农作物生长发育中必不可少的要素,对于水稻这一喜温喜水作物也不例外。水稻在生长发育的主要季节,若降水过多,会造成水稻光合作用系统机能、光合速率、蒸腾速率下降,影响水稻光合作用;若稻田少水,会造成干旱,表现为光合作用停滞,植株萎靡甚至死亡等。

5.2.2　气候适宜度模型描述

综合运用模型数学理论,将影响湖南省水稻生长发育的温度、降水、日照气象因子看成不同的模糊集,建立模糊集的隶属函数,计算水稻生育期内逐日的各个气象因子的隶属度,并采用加权平均法对上述三个模糊隶属函数进行处理,构成水稻生长发育的综合气候适宜度模型,从而达到定量评估温度、日照、降水等气候条件对水稻生长发育适宜程度的目的。

1. 温度适宜度函数

温度对农作物发育过程的影响可以用农作物生长对温度条件的反应函数来描述,其值在 0~1 农作物发育对温度的反应表现为非线性,且在最适温度之上和最适温度之下的反应不同。描述该过程的常用函数有 beta 函数、分段指数函数、分段线性函数。通过比较分析，发现 beta 函数能较好地反映农作物生长与温度的关系，并且具有普适性 [7]，其计算方法如下：

$$S(t_{mn}) = \begin{cases} 0 & t_{mn} > t_h, t_{mn} < t_1 \\ \dfrac{(t_{mn}-t_1) \times (t_h-t_{mn})}{(t_0-t_1) \times (t_h-t_0)^B} & t_1 \leq t_{mn} \leq t_h \qquad B = \dfrac{t_h-t_0}{t_0-t_1} \\ 1 & t_{mn} = t_0 \end{cases} \tag{5.1}$$

式中：$S(t_{mn})$ 代表为第 m 站第 n 日温度适宜度，其中 t_{mn} 表示第 m 站第 n 日平均气温；t_0、t_1、t_h 为水稻生长发育的 3 基点温度；t_0 为水稻发育的最适温度，不同发育期所对应的最适发育温度不相同；t_1 为水稻发育的最低温度，低于这一温度，发育速率为 0；t_h 为水稻发育的最高温度，超过这一温度，水稻发育停止；B 为常量参数。

本研究中该阶段按日计算，某日气温的 3 基点温度由该日早稻所处的发育期决定。当 $t = t_0$ 时，$S(t_{mn}) = 1$；当 $t < t_1$ 或 $t > t_h$ 时，$S(t_{mn}) = 0$；当 $t_1 < t < t_h$ 时，$S(t_{mn})$ 在 0 和 1 之间取值。水稻不同生育期的最低温度、适宜温度和最高温度值如表 5.1 所示。

表 5.1 水稻不同生育期的最低温度、适宜温度和最高温度值（℃）

发育期	出苗期	返青期	分蘖期	拔节孕穗期	抽穗开花期	成熟期
t_1	12	15	17	17	20	15
t_0	25	26	28	28	30	26
t_h	40	35	38	38	35	35

2. 降水适宜度函数

降水是农作物水分和土壤水分的主要来源，土壤水分是农作物生长发育的重要农业气象条件之一，农作物生长好坏、产量高低与降水有密切关系。降水量由多到少对水稻的适宜程度是由不适宜到适宜再到不适宜的连续过程。降水适宜度是农作物各生长发育阶段内的降水量和土壤水分含量对农作物适宜程度的量度，水稻降水适宜度计算公式如下 [8]：

$$S(w_{mn}) = \begin{cases} R/R_0 & R < R_0 \\ R_0/R & R \leq R_0 \end{cases} \tag{5.2}$$

式中：$S(w_{mn})$ 代表第 m 站第 n 日的降水适宜度；R_0 为农作物日生理需水量，单位为 mm；R 为第 m 站第 n 日的降水量，单位为 mm。

考虑到湖南省水稻生长发育实际情况和地理条件、自然因素等，水稻为水田作物，在生长期间水分的调控较为容易。由于湖南地区降水充沛，极端强降水主要发生在 5 月中旬和 6 月中下旬，而在 6 月中下旬适逢早稻孕穗、抽穗开花期，水稻在抽穗开花期降水过多会影响早稻结实率和最终产量。而在水稻的其他发育期，降水对其影响不大，降水过多可排水，缺水可利用塘坝、水库等水源进行灌溉。因此，在构建降水适宜度函数时考虑了湖南农业生产的自然条件和具体农作物品种的需水特性，建立的水稻降水适宜度模型分不同发育期，这

是对降水适宜度函数的一个改进。改进的降水适宜度函数为 [9]

$$S(w_{mn}) = \begin{cases} 1 & \text{除抽穗开花期以外的其他生育期} \\ R_0/R & \text{抽穗开花期，区域日降水距平百分率} > 30\% \\ 1 & \text{抽穗开花期，区域日降水距平百分率} \leqslant 30\% \\ 0 & \text{其他} \end{cases} \quad (5.3)$$

式中：$S(w_{mn})$ 为第 m 站第 n 日的降水适宜度；R 表示第 m 站第 n 日的降水量；R_0 为 1971—2010 年区域日平均降水量；区域日降水距平百分率 = [（区域日降水量 - 区域日多年（1971—2010）平均降水量）/ 区域日多年（1971—2010）平均降水量] × 100%。

在计算降水适宜度时，先根据日期判断发育期，若没有进入抽穗开花期，则降水适宜度为 1；若进入了抽穗开花期，如果区域日降水距平百分率小于或等于 30%，则该日的降水适宜度为 1，如果区域日降水距平百分率大于 30%，则该日降水适宜度等于区域日多年平均降水量除以区域平均降水量。

3. 日照适宜度函数

农作物发育进程不仅与温度相关，还与光周期有关，不同农作物所需的光周期临界值不同。日照百分率，即实际日照时间与可能日照时间（全天无云时应有的日照时数）之比。大多数学者认为，日照时数达到日照百分率的 70% 为临界点 [10]。本书以日照时数达可照时数的 70%（日照百分率）为临界点，认为日照百分率达到 70% 以上，水稻对日照条件的反应达到适宜状态。当日照时数在临界点以上，即实际日照时数大于此值，认为日照适宜度为 1。

日照时数的适宜度函数 [11] 形式如下：

$$S(f_{mn}) = \begin{cases} \mathrm{e}^{-[(S-S_0)/b]^2} & S < S_0 \\ 1 & S \leqslant S_0 \end{cases} \quad (5.4)$$

式中：$S(f_{mn})$ 为第 m 站第 n 日的日照适宜度；S 为第 m 站第 n 日实际日照时数（h）；S_0 为第 m 站第 n 日与水稻发育有关的日照百分率为 70% 的日照时数（h）（日照百分率达到 70% 时的日照时数）；b 为经验常数。S_0 和 b 的取值随着水稻生育期的变化而变化，如表 5.2 所示。

表 5.2 双季水稻不同生育期的 S_0 和 b 值

分类	生育期	S_0（h）	b
早稻	出苗期	8.47	4.15
	返青期	8.47	4.15
	分蘖期	9.17	4.95
	拔节孕穗期	9.48	5.11
	抽穗开花期	9.55	5.15
	成熟期	9.35	5.04

续表

分类	生育期	S_0(h)	b
晚稻	出苗期	9.55	5.14
	返青期	9.55	5.14
	分蘖期	9.35	5.04
	拔节孕穗期	8.95	4.83
	抽穗开花期	8.35	4.5
	成熟期	7.61	4.1

4. 水稻气候适宜度模型

水稻在生长过程中,每日的温度适宜度、降水适宜度、日照适宜度的相互作用决定了每日的气候适宜度[12],水稻综合适宜度判定模型包含了日照、温度、降水三要素,用来评价主要气象要素对水稻的综合影响,温度、日照、降水适宜度的综合判定计算公式如下:

$$S(t_{mn}, \ w_{mn}, \ f_{mn}) = \sqrt[3]{S(t_{mn}) \cdot S(w_{mn}) \cdot S(f_{mn})}$$ （5.5）

式中:$S(t_{mn}, \ w_{mn}, \ f_{mn})$ 为第 m 站第 n 日的气候适宜度,其中 $S(t_{mn})$ 代表第 m 站第 n 日的温度适宜度,$S(w_{mn})$ 代表第 m 站第 n 日的降水适宜度,$S(f_{mn})$ 代表第 m 站第 n 日的日照适宜度。

以前的气候适宜度模型都是基于月或者旬时间为尺度,不能精细地刻画水稻生长气候条件适宜程度随时间变化的过程。这里我们建立了基于日尺度的气候适宜度模型,将农作物不同发育阶段的温度、降水、日照等气象指标应用到农作物生长过程中的每一天,可以对农作物生长气象指标进行连续动态的描述。并重新构建了降水适宜度模型,引入了区域日降水距平百分率、区域日降水量作为参数,使模型能够根据湖南省水稻生长的自然环境和水稻的具体生育期情况来确定每日的降水适宜度。在改进的降水适宜度函数的基础上结合日照适宜度函数、温度适宜度函数通过加权平均的方法构建出了水稻综合气候适宜度模型。该模型可以计算水稻每天生长的气象指标,用于对水稻气候适宜情况进行预警判断,能更客观地反映农作物生长随气象条件变化的适宜程度,解决农作物生长气象指标在不同发育期之间存在的明显跳跃的问题。

5.2.3　水稻气候适宜度预警

由于农作物生长发育和产量形成与气象条件密切相关。在温度、光照、降水等气象因子适宜的气象条件下,会加速水稻的生长发育,促进水稻的产量提高;反之,则会影响水稻的正常生长发育进程,造成产量严重下降。借鉴以上温度适宜度模型、降水适宜度模型、日照适宜度模型和气候适宜度模型,并结合天气预报数据和水稻生长发育数据,可以算出预报日的各气象因子的具体适宜度,以此来对温度、降水和日照以及 3 个因素的综合进行评价,确定是否满足农作物生长发育或是对农作物正常的生长发育的有利程度,其评价值和适宜度范围对应值如表 5.3 所示。

表 5.3　适宜度评价对照表

适宜度范围	1.0~0.8	0.8~0.5	0.5~0.3	0.3~0.1	0.1~0.0
评价值	非常适宜	适宜	较不适宜	不适宜	非常不适宜

将第 m 站第 n 日预报的温度值、降水量和日照时数分别代入到温度适宜度函数、降水适宜度函数、日照适宜度函数,得出温度适宜度、日照适宜度和降水适宜度,再将这 3 项代入到气候适宜度模型中计算得出气候适宜度。还可以把温度适宜度、日照适宜度和降水适宜度、气候适宜度分别对照适宜度评价对照表,当其中的某个适宜度的值小于 0.5 时,就将那个适宜度对应的评价值输出,生成预警信息,告诉用户当前日的那个具体气象因子不利于水稻的生长。

5.3　水稻气象灾害预警

水稻气象灾害预警主要通过判识各种水稻的主要气象灾害指标,结合未来天气预报和气候预测,根据未来气象的发生时间、范围和强度进行预报、预测结果、发布预警及可行的防御措施。

5.3.1　水稻主要气象灾害指标定义

影响水稻的主要气象灾害有暴雨、洪涝、干旱、高温热害、高温冷害(春寒或倒春寒、5 月低温、寒露风)、连阴雨、冻害(霜冻、冰冻)等。

根据影响水稻的主要气象灾害对水稻危害时间的长短、危害程度的轻重,将其划分出 4 个等级,第 1 级代表危害时间短,危害程度相对较轻,依次类推,级别越高危害程度越重。

1. 洪涝灾害指标

轻度洪涝(1 级):连续 10 d 内降水总量为 200~250 mm。

中度洪涝(2 级):连续 10 d 内降水总量为 251~300 mm。

重度洪涝(3 级):连续 10 d 内降水总量为 301 mm 以上。

2. 干旱灾害指标

可利用降水距平百分率作为气象干旱的灾害指标。降水距平百分率是利用旬的降水量与常年同期平均降水量相比偏多或偏少的量占常年平均值的百分率,可以直观地反映降水异常导致的农业干旱程度。由于各地的季节降水量变化较大,结合湖南省降水的实际情况和水稻的需水时段,选择 4 至 9 月的降水距平百分率指标作为气象干旱指标。根据湖南省水稻的发育期和农业干旱数据,并结合降水量距平百分率来划分农业干旱等级。降水距平百分率 P_a 计算方法如下:

$$P_a = \frac{P - P_i}{P_i} 100\%$$

（5.6）

式中：P 为 4 至 9 月中某旬的降水量，P_i 为多年同期平均降水量。

气象干旱指标定义如下。

轻度气象干旱（1 级）：$-30\% < P_a \leqslant -20\%$。

中度气象干旱（2 级）：$-40\% < P_a \leqslant -30\%$。

重度气象干旱（3 级）：$-50\% < P_a \leqslant -40\%$。

特重度气象干旱（4 级）：$P_a \leqslant -50\%$。

3. 倒春寒灾害指标

3 月中旬至 4 月下旬，旬平均气温低于该旬多年历史同期平均值 2℃ 或以上，并低于前旬平均气温，则该旬为倒春寒[12]。t_i 表示出现倒春寒的平均气温与历年同期平均气温的差值。

轻度倒春寒（1 级）：$t_i > -3.5$ ℃。

中度倒春寒（2 级）：-5 ℃ $< t_i < -3.5$ ℃。

重度倒春寒（3 级）：$t_i < -5.0$ ℃。

4. 5 月低温灾害指标

轻度 5 月低温（1 级）：连续 5~6 d 日平均气温为 18~20 ℃。

中等 5 月低温（2 级）：连续 7~9 d 日平均气温为 18~20 ℃，或连续 7~8 d 日平均气温为 15.6~17.9 ℃。

重度 5 月低温（3 级）：连续 10 d 或以上日平均气温为 18~20 ℃，或连续 5 d 或以上日平均气温小于 15 ℃。

5. 寒露风灾害指标

9 月连续 3 d 或以上日平均气温小于或等于 20 ℃，则为寒露风。

轻度寒露风（1 级）：连续 3~5 d 日平均气温为 18.5~20℃。

中度寒露风（2 级）：连续 3~5 d 日平均气温为 17~18.4℃。

重度寒露风（3 级）：连续 3 d 或以上日平均气温小于或等于 17 ℃，或连续 6 d 或以上日平均气温小于或等于 20 ℃。

6. 高温热害灾害指标

轻度高温热害（1 级）：连续 5~10 d 最高气温大于或等于 35 ℃。

中度高温热害（2 级）：连续 11~15 d 最高气温大于或等于 35 ℃。

重度高温热害（3 级）：连续 16 d 或以上日最高气温大于等于 35 ℃。

7. 暴雨灾害指标

暴雨（1 级）：24 h 降水量 ≥ 50 mm 的强降水。

大暴雨（2 级）：24 h 降水量 ≥ 100 mm 的强降水。

特大暴雨（3 级）：24 h 降水量 ≥ 200 mm 的强降水。

综合以上提到的水稻生产主要气象灾害的指标，可以概括如表 5.4 所示。

表 5.4　水稻生产主要气象灾害的指标表

灾害	时间	灾害指标	轻度（1级）	中度（2级）		重度（3级）		特重（4级）
洪涝	3—11月	日降水量 /mm	200~250	251~300		≥301		
		持续时间 /d	10	10		10		
暴雨	3—11月	日降水量 /mm	50~100	100~200		≥200		
倒春寒	3—4月	旬平均气温距平差值 t_i/℃	$t_i>-3.5$	$-5<t_i\leq-3.5$		$t_i<-5$		
干旱	4—9月	P_a 降水量距平百分率 /%	$-30<P_a\leq-20$	$-40<P_a\leq-30$		$-50<P_a\leq-40$		$P_a\leq-50$
5月低温	4—5月	日平均气温 /℃	18~20	18~20	15.6~17.9	18~20		≤15
		持续天数 /d	5~6	7~9	7~8	≥10		≥5
高温热害	7—8月	日最高气温 /℃	≥35	≥35		≥35		
		持续天数 /d	5~10	11~15		≥16		
寒露风	9月	日平均气温 /℃	18.5~20	17~18.4		≤20		≤17
		持续天数 /d	3~5	3~5		≥6		≥3

5.3.2　水稻气象灾害知识表示

鉴于水稻气象灾害的知识多来自专家经验和相关标准，且知识规则的表示量非常大，我们采用了基于一阶谓词逻辑的产生式规则表示模式 [13-15]，该模式的知识表示方法可以较好地表示水稻的农业气象灾害指标，用于水稻主要气象灾害的预警。该方法改进了传统的产生式规则知识表示方法，可以有效一致化表示和模块化组织知识，在此基础上知识可以方便地在数据库中进行存储。基于一阶谓词逻辑的产生式规则表示模式具体内容如下。

1. 水稻气象灾害的知识表示

谓词逻辑可以用来表示事物的状态、属性、概念等事实性知识，也可以用来表示事物之间确定因果关系的规则性知识。对于事实性知识，可以使用谓词公式中由析取符号与合取符号连接起来的谓词公式来表示。如对下面句子：日平均气温小于 15 ℃、大于 10 ℃，可以用谓词公式表示为日平均气温 <15 ℃ ∧ 日平均气温 >10 ℃。对于规则性知识，通常使用由蕴含符号连接起来的谓词公式来表示。例如，对于如果 x，则 y，可用谓词公式表示为 $x \rightarrow y$。在谓词逻辑中，有句子，也有项，量词和谓词符号用于构造句子，常量符号、变量和函数符号可以用来表示项。

各个气象灾害由事实组成，预警等级和防御措施是结论，可以由灾害天气指标的事实推论出气象灾害及其等级，如日降水量超过 50 mm 这一事实的结论是轻度暴雨灾害。可通过建立事实之间的因果联系规则来对气象灾害知识进行表达。先假设前提条件 P 共有 6 项气象因子，如表 5.5 所示。

表 5.5　气象因子命名表

日最高气温	日平均气温	降水量距平百分率	日降水量	旬平均气温距平差值	持续时间
rtemph	rtempa	Pa	rrain	Ti	duration

则气象灾害产生式可以表示为

RULE1：IF rtemph = "……." $\wedge$ rtempa = "……." $\wedge$ Pa = "……." $\wedge$ rrain = "……." $\wedge$ Ti = "……" $\wedge$ duration = "……"

→气象灾害 1,防御措施

其中，IF 后面的都是条件,多个条件之间用 $\wedge$（and）或者 $\vee$（or）来连接,右箭头后面的为结论。以最常见的气象灾害轻度 5 月低温为例,来表述系统中的知识,5 月轻度低温预警规则可以表示为

if rtempav >=18 $\wedge$ rtempav <= 20 $\wedge$ duration >=5 $\wedge$ duration <=6

→ 发布轻度 5 月低温预警,5 月低温的防御措施

其中, rtempav >=18 $\wedge$ rtempav <= 20,取值为 0 或 1,duration 函数描述的为 rtempav >=18 且 rtempav <= 20 条件同时成立时持续的天数。在计算过程中,首先要收集预警区域各站未来 1~10 d 的逐日最低气温、最高气温预报值,计算各站逐日平均气温,然后结合前期实况资料,进行 24 h,48 h,72 h,96 h,120 h,144 h,168 h 预警。采用滑动算法,判断各站前期实况资料加上未来预报资料后,是否会出现连续 5~6 d 日平均气温大于 18 ℃、小于或等于 20 ℃的情况,若加上未来的预报资料后出现连续 5 d 平均气温大于 18 ℃、小于或等于 20 ℃的情况,则该站可以发布轻度 5 月低温预警及其防御措施。

根据基于一阶谓词逻辑的产生式规则的表示模式,可以得到水稻气象灾害预警的每条规则,例如暴雨预警规则如下：

if rrain >= 50 →轻度暴雨,防御措施;

if rrain >= 100 →中度暴雨,防御措施;

if rrain >= 200 →重度暴雨,防御措施。

2. 灾害指标数据存储

由于基于一阶谓词逻辑的产生式规则的知识表示方法,采用了一阶谓词逻辑表示法,使知识的表现方式和人类自然语言十分接近,拥有通用的逻辑演算方法和推理规则,用这种方法表示的知识易于模块化,便于知识的增减和修改。但是由于基于一阶谓词逻辑的产生式规则的数据结构不能直接用关系数据库表示,需要进行一些必要的转换处理才能存储到关系数据库中[16]。为了便于规则在计算机内存储,可以把规则的形式转换为适合计算机使用的数据类型。根据前面生成的规则,可以把规则拆分提取转换成统一的形式存入到气象灾害信息表,以适合和加快计算机处理的进程。其中 S1,S2,S3,S4 分别表示相应灾害等级——轻度、中度、重度、特重度,具体的拆分处理方法如表 5.6 所示。

表 5.6　规则拆分表（略表）

规则名称	致灾因子	持续时间	灾害指标（前提）	灾害等级（结论）	防御措施
	rrain		rrain >= 50 and rrain <100	S1	……
暴雨	rrain		rrain >= 100 and rrain <200	S2	……
	rrain		rrain >= 200	S3	……
	rrain	>=10	rrain >= 200 and rrain <= 250	S1	……
洪涝	rrain	>=10	rrain >= 251 and rrain <= 300	S2	……
	rrain	>=10	rrain >= 301	S3	……
……	……	……	……	……	……

5.4　水稻产量预报模型

由于温度、日照、降水等气象因子的综合作用对水稻的生长发育和产量形成具有重要影响。为了研究水稻产量与气象因子之间的相关性,我们选取了湖南地区双季早稻单产数据和 1990—2013 年水稻生育期逐旬气象资料,来分析早稻全生育期间各旬平均气温、旬降水量、旬日照时数等气象因子与气象产量的相关性,计算逐旬气象因子与气象产量之间的相关系数,结合早稻生育期生理特性,筛选出影响湖南地区双季早稻气象产量显著相关的关键气象因子后,利用多元回归模型,采用气象因子逐步参与方法,建立基于关键气象因子的气象产量预报的多元回归模型,并应用该模型实现对早稻产量的预测预报。

早稻生育期资料和逐旬气象资料来源于中国气象数据网的中国农业基本气象资料旬值数据集,主要包括旬平均气温、旬降水量、旬日照时数等;早稻产量资料来源于湖南省统计年鉴,早稻生育期资料、逐旬气象资料和产量资料的年份均为 1990—2013 年。

农作物产量一般可分解为趋势产量、气象产量和随机产量三部分,这样农作物产量的统计模型可简单地表述如下:

$$Y = Y_t + Y_w + Y_\varepsilon \tag{5.7}$$

农业预报产量可表示为 Y,其中 Y_t 为预测的趋势产量,其中包括某地区农作物在正常的气候条件下,农技措施没有明显变化时的基本产量特征,由社会生产条件和社会技术水平决定;Y_w 为预测的气象产量,它代表受气象因素影响而波动变化的产量部分;Y_ε 为随机产量,由偶然因素和统计误差产生,具有不确定性。一般情况下,在预测方程中是无法定量考虑各种偶然因素和统计误差对农作物产量的随机影响的,可用某一固定函数关系来定量估计,列入具体方程式中,因此 Y_ε 通常忽略不计。

趋势产量可以通过 5 点滑动平均法从实际单产中分离出来,将 1985—2011 年的早稻单产资料以年份为序排列,当年趋势产量等于前 4 年和当年产量的滑动平均值,气象产量等于实际产量减去趋势产量。按照这种方法求得趋势产量和气象产量后,可以作出 1985—2011年湖南地区水稻趋势产量与实际产量表 5.7。

表 5.7　1985—2011 年湖南地区水稻趋势产量与实际产量　　　　　（kg/ha）

年份	实际产量	趋势产量	气象产量
1985 年	5 433.6		
1986 年	5 715		
1987 年	5 279.01		
1988 年	5 476		
1989 年	5 439.3		
1990 年	5 604.5	5 502.762	101.738
1991 年	5 280.3	5 415.822	−135.522
1992 年	5 261.9	5 412.4	−150.5
1993 年	5 103.1	5 337.82	−234.72
1994 年	5 530.1	5 355.98	174.12
1995 年	5 100.9	5 255.26	−154.36
1996 年	5 119.81	5 223.162	−103.352
1997 年	5 723.98	5 315.578	408.402
1998 年	5 158.69	5 326.696	−168.006
1999 年	5 203.33	5 261.342	−58.012
2000 年	5 789.68	5 399.098	390.582
2001 年	5 754.13	5 525.962	228.168
2002 年	5 126.91	5 406.548	−279.638
2003 年	5 294.76	5 433.762	−139.002
2004 年	5 560.82	5 505.26	55.56
2005 年	5 545.15	5 456.354	88.796
2006 年	5 513.68	5 408.264	105.416
2007 年	5 703.61	5 523.604	180.006
2008 年	5 919.98	5 648.648	271.332
2009 年	5 864.84	5 709.452	155.388
2010 年	5 619.26	5 724.274	−105.014
2011 年	5 779.4	5 777.418	1.982

5.5　早稻气象产量预报模型

5.5.1　多相关性分析

首先对水稻产量和其他影响产量的因子进行相关性分析。双季早稻一般在 3 月下旬开始播种育秧，4 月下旬至 5 月上旬从本田向大田移栽，5 月上旬至 5 月下旬返青分蘖，5 月下旬至6月中旬幼穗分化、抽穗，7月中旬可成熟收获。通过对早稻生育期的分析，可以知道早稻从3月下旬播种到7月中旬成熟收获，总共要经历12旬。湖南地区早稻生长发育多年状况的统计分析如表5.8所示。

表5.8 湖南地区早稻主要生育期和时段划分

生育期	时段
播种	3月下旬至4月上旬
出苗	3月下旬至4月上旬
三叶	4月上旬至4月下旬
移栽	4月下旬至5月上旬
返青	5月上旬至5月中旬
分蘖	5月上旬至5月下旬
拔节	5月下旬至6月上旬
孕穗	6月上旬至6月下旬
抽穗	6月中旬至6月下旬
乳熟	6月下旬至7月上旬
成熟	7月上旬至7月中旬

因此，可以分析每旬的气象因子与气象产量之间的相关性，计算得出湖南区域各旬气候要素与气候产量 Y_w 的相关系数如表5.9所示。

表5.9 相关系数表

旬值	相关系数		
	平均气温	降水量	日照时数
3月下旬	0.394	−0.331	0.035
4月上旬	0.13	−0.272	−0.227
4月中旬	0.034	−0.032	0.044
4月下旬	−0.057	−0.368	0.004
5月上旬	0.6**	−0.548*	0.589*
5月中旬	0.757**	−0.412	0.499*
5月下旬	0.341	−0.154	0.118
6月上旬	−0.2	0.222	−0.21
6月中旬	−0.068	−0.478*	0.296
6月下旬	0.433	−0.543*	0.524*
7月上旬	0.613**	−0.463*	0.513*
7月中旬	−0.098	−0.142	−0.208

注：** 在0.01级别，相关性显著；* 在0.05级别，相关性显著（ $R_{0.1,30}$ ）= 0.296 0，（ $R_{0.05,30}$ ）= 0.349 4。

相关系数可以用来衡量变量之间的相关程度,样本的相关系数记为 r。当 $r=0$ 时,表示不存在线性相关,并不表示变量之间没有任何关系;当 $0.5<|r|\leqslant0.8$ 时,表示显著相关。从表中可以看出,部分因子通过了显著水平为 0.05 的检验。

根据表 5.9 所示,全部因子都与气象产量具有相关关系。从表中可以看出,气象产量与 5 月上旬的平均气温、5 月上旬的降水量、5 月上旬的日照时数、5 月中旬的平均气温、5 月中旬的日照时数、6 月中旬的降水量、6 月下旬的降水量、6 月下旬的日照时数和 7 月上旬的平均气温有明显的相关关系。通过结合水稻的生长发育情况可以知道,在 5 月上、中旬中水稻主要处于分蘖阶段,适宜的气候条件是,日平均气温 20℃ 以上,晴朗微风,光照充足。当温度低于 20℃ 时,会导致分蘖缓慢严重的会导致分蘖停止。气象产量与 5 月上旬和中旬的降水量负相关,与日照时数正相关,是因为水稻分蘖如果遭遇连绵阴雨会延迟分蘖,日照不足会导致有效穗少。6 月下旬水稻处于开花、抽穗时期,降水量太多,日照时数减少会对开花授粉造成影响,导致受精不良、空壳多。因此,与降水量呈负相关,与日照成正相关。7 月上旬水稻主要处于灌浆成熟期,该时期温度对水稻籽粒灌浆具有显著的影响。因此,可以看出早稻气象产量与逐旬气象因子的相关性具有较明显的生物学意义。所以,可以利用这些因子作为关键因子,用于气象产量的回归分析和气象产量的预测。

5.5.2　预报模型的建立

下面采用多元逐步回归分析来建立预报模型。多元逐步回归分析的目的是建立"最优"的回归方程来对被解释变量进行控制和预测。其主要思路是将解释变量按对被解释变量贡献程度或作用程度的大小,由大到小逐个引入到方程中,每引入一个新的解释变量或者剔除一个解释变量,就进行 F 检验,输入解释变量的 F 概率 $\leqslant0.050$,除去解释变量的 F 概率 $\geqslant0.10$,满足此条件的解释变量就可以引入到方程中或者从方程中除去,从而保留显著性较大的解释变量[16]。引入一个解释变量和从方程中除去一个解释变量都称为逐步回归的一步,这个过程可以称为逐步。通过对多个解释变量的引入和剔除,可以保证回归方程中只存在对 y 影响显著的变量。

采用多元逐步回归的方法,将关键气象因子作为自变量,气象产量作为因变量,分析各旬关键气象因子与气象产量的关系,建立早稻从播种到各旬不同时段的产量预报模型。建立的气象产量预报模型公式:

$$Y=b_0+\sum_{i=1}^{m}b_iX_i \tag{5.8}$$

式中:Y 表示气象产量,b_0 为常数,b_i 为第 i 个气象因子的系数,X_i 表示第 i 个气象因子,i 的数目随着旬值气象因子数量的增加发生变化。

在多元逐步回归中,并非所有因子都能进入最终模型,因为在建立模型的过程中会通过 F 检验逐步筛选因子,使对因变量贡献大的因子随时进入方程,贡献变小的因子随时被剔除。最终得出产量预报模型:

$$Y = -2\ 270.972 + 7.474b_1 + 5.756b_2 - 1.526b_3 +$$
$$2.947b_4 + 1.423b_5 + 3.149b_6 - 0.896b_7$$

在预报模型中,只有 b_1、b_2、b_3、b_4、b_5、b_6、b_7 共 7 个因子参与了建模,其他影响系数较小的因子被舍弃。其中,b_1 为上旬的平均气温,b_2 为 6 月中旬的日照时数,b_3 为 4 月下旬的降水,b_4 为 5 月中旬的平均气温,b_5 为 4 月上旬的平均气温,b_6 为 5 月下旬的日照时数,b_7 为 6 月上旬的降水。

5.5.3 模型的拟合优度检验

拟合优度可以用来表示回归直线或曲线对样本值的拟合程度。判决系数 R 可以反映多个变量之间关系的密切程度,回归方程的判决系数的平方根就是相关系数。因此,对于多元线性回归方程,其拟合优度检验采用判决系数的平方根,称为调整的判定系数(亦称确定系数)。R^2 最大值为 1。当回归直线或曲线对样本值的拟合程度越好时,R^2 的值越接近 1。反之,拟合程度越差,R^2 的值越小。其数学定义为

$$R^2 = 1 - \frac{\frac{SSE}{n-p-1}}{\frac{SST}{n-1}} \qquad (5.9)$$

式中:SSE 是指回归平方和,SSE 是指总变差,$n-p-1$ 及 $n-1$ 分别是 SSE 和 SST 的自由度。

为了判断回归直线或曲线对样本值的拟合程度,采用逐步回归的筛选策略对回归方程进行拟合优度检验,可以得到相关系数及其相关指标如表 5.10 所示。

表 5.10 相关系数及其相关指标表

模型	R(复相关系数)	R^2(判定系数)	调整后 R^2	标准估算的误差
回归方程	0.978	0.957	0.932	52.961 72

从表 5.10 中可以看出,标准估算误差为 52.961 72,$R = 0.978$,调整的判定系数 R^2 接近 1,等于 0.932,拟合优度很高,可以认为被解释变量能对模型进行完全解释。

5.5.4 模型的显著性检验

在上面的分析中,为了求得模型,我们假定解释变量和被解释变量之间存在线性关系。因此,在求得模型之后,我们必须对假设进行检验,以确定解释变量与被解释变量之间是否存在线性关系。回归模型的检验一般包括两个方面的内容:线性关系的检验和回归系数的检验。

1. 线性关系的检验

检验被解释变量与解释变量之间的线性关系是否显著,变量之间的关系能否用线性模型表示。利用 SPSS 软件,可以得到上面讨论的回归方程模型的方差分析表,如表 5.11 所示。

表 5.11　方差分析表

模型		平方和	自由度	均方	F	显著性
回归方程	回归	750 458.818	7.000	107 208.403		
	残差	33 659.326	12.000	2 804.944	38.221	0.000
	总计	784 118.144	19.000			

从表 5.11 可以看出,被解释变量的总离差平方和为 784 118.144,均方为 107 208.403,回归平方和为 750 458.818,表示解释变量的预测值对其平均值的总偏差;残差平方和和均方分别为 33 659.326 和 2 804.944。依据表 5.11 进行回归方程的显著性检验,检验统计量 $F=38.221$,对应的概率 $P=0.000<0.05$(显著性水平),因此可以直接给定显著性水平 $\alpha=0.05$。由表 5.11 可知 $k=7$,$n-k-1=14$,通过查 F 分布表 $F_a(k, n-k-1)=F_{0.05}[7, 14]=2.76$。由于 $F=38.221>2.76$,因此可以拒绝 H_0 假设,认为模型的线性关系在 95% 的水平下显著成立。

2. 回归系数的检验

利用 SPSS 软件,可以得到上述模型的回归方程系数表,如表 5.12 所示。

表 5.12　回归方程系数表

模型项目	系数	标准误差	t	显著性
(常量)	−2 770.972	201.846	−13.728	0.000
气温 5 月中旬	7.474	0.772	9.678	0.000
日照 6 月中旬	5.756	0.819	7.026	0.000
降水 4 月下旬	−1.526	0.329	−4.643	0.001
气温 5 月上旬	2.947	0.720	4.093	0.001
气温 4 月上旬	1.423	0.542	2.626	0.022
日照 5 月下旬	3.149	1.046	3.011	0.011
降水 6 月上旬	−0.896	0.364	−2.459	0.030

由表 5.12 可知,$|t_0|=13.728$,$|t_1|=9.678$,$|t_2|=7.026$,$|t_3|=4.643$,$|t_4|=4.093$,$|t_5|=2.626$,$|t_6|=3.011$,$|t_7|=2.459$。给定显著性水平 $a=0.05$,由表 5.12 可知 $k=7$,$n-k-1=14$,通过查 t 分布表 $t_{a/2}(n-k-1)=t_{0.025}(14)=2.145$。可见,计算的所有 $|t|$ 值都大于该临界值,所以拒绝原假设,即包括常数项在内的 7 个解释变量都在 95% 的水平下显著,都通过了变量显著性检验。

综合以上可知建立的模型通过了线性关系的检验和回归系数的检验,可以用此模型来进行早稻气象产量的预测和预报。

3. 模型回代检验

将对应年份下的关键气象因子数据值代入到模型中可以得到对应年份下的早稻气象产量。将早稻的气象产量与对应年份中的趋势产量进行加法运算,可以得到对应年份早稻的模拟产量,如表 5.13 所示。为了对模型的预报效果进行检验,引入预报准确率,其算法如下：

预报准确率 =[1−(模拟产量 − 实际产量)/ 实际产量] × 100%

1992—2011 年早稻产量预报准确率见表 5.13。

表 5.13　1992—2011 年早稻产量预报准确率　　（kg/ha）

年份	实际产量	趋势产量	气象产量	相对气象产量	模拟产量	预报准确率（%）
1992 年	5 261.9	5 412.4	−150.5	−204.022 26	5 208.377 74	98.982 833 96
1993 年	5 103.1	5 337.82	−234.72	−308.431 57	5 029.388 43	98.555 553 1
1994 年	5 530.1	5 355.98	174.12	205.519 52	5 561.499 52	99.432 207 01
1995 年	5 100.9	5 255.26	−154.36	−141.593 38	5 113.666 62	99.749 718 29
1996 年	5 119.8	5 223.16	−103.36	−56.012 87	5 167.147 13	99.075 215 24
1997 年	5 724	5 315.58	408.42	368.904 84	5 684.484 84	99.309 658 28
1998 年	5 158.7	5 326.7	−168	−116.308 77	5 210.391 23	98.997 979 53
1999 年	5 203.3	5 261.34	−58.04	−41.210 65	5 220.129 35	99.676 563 91
2000 年	5 789.7	5 399.1	390.6	328.969 65	5 728.069 65	98.935 517 38
2001 年	5 754.1	5 525.96	228.14	204.864 7	5 730.824 7	99.595 500 6
2002 年	5 126.9	5 406.55	−279.65	−301.934 77	5 104.615 23	99.565 336 36
2003 年	5 294.8	5 433.76	−138.96	−49.434 78	5 384.325 22	98.309 185 99
2004 年	5 560.8	5 505.26	55.54	93.338 84	5 598.598 84	99.320 262 55
2005 年	5 545.2	5 456.35	88.85	58.603 61	5 514.953 61	99.454 548 26
2006 年	5 513.7	5 408.26	105.44	146.400 66	5 554.660 66	99.257 111 2
2007 年	5 703.6	5 523.6	180	163.087 87	5 686.687 87	99.703 483 24
2008 年	5 920	5 648.65	271.35	283.964 56	5 932.614 56	99.786 916 22
2009 年	5 864.8	5 709.45	155.35	148.337 31	5 857.787 31	99.880 427 47
2010 年	5 619.3	5 724.27	−104.97	−112.190 89	5 612.079 11	99.871 498 41
2011 年	5 779.4	5 777.42	1.98	−3.705 64	5 773.714 36	99.901 622 31

结果表明，平均预报准确率在 98% 以上，预测结果与实测结果趋势一致率比较高，预测结果较为可信。

因此，可以利用 2012—2013 年的资料来对模型预报进行回代检验，结果如表 5.14 所示。2012 年预报准确率为 97.8%，2013 年预报准确率为 91.76%，预测结果与实测结果趋势一致率较高，这表明此模型能根据关键气象因子来预报早稻产量。

表 5.14　模型预测表　　（kg/ha）

年份	实际产量	模拟产量	预报准确率（%）
2012 年	5 746.5	5 872.863	97.801 044 11
2013 年	5 788.3	6 265.206	91.760 862 43

本节利用 1992—2011 年水稻生长季逐旬气象资料和单产资料,通过使用基于相关分析的多元逐步回归分析方法对湖南地区水稻的气象产量和主要生育期逐旬气象因子进行分析,得出显著相关的气象因子作为关键气象因子,利用筛选出来的关键降水、日照、温度气象因子来建立早稻气象产量预报模型。并且利用建立的模型对湖南早稻气象产量进行回代模拟,模型回代检验准确率不低于 98%,还利用 2012—2013 年湖南早稻的逐旬气象因子和气象产量资料对模型进行检验,预报准确率在 91% 以上,表明此模型可以满足早稻农业气象产量预报业务和服务的需要。

5.6　农业气象信息预警发布系统

5.6.1　功能需求分析

水稻农业气象信息预警发布系统是一个集气象数据录入、气象数据管理、气象数据评价分析和预警信息发布等多种功能于一体的网站系统。该系统的总体功能需求如下。

（1）用户登录。为已注册用户或者管理员提供登录功能,只有用户成功登录进入系统后,才能进行相关的查看操作和管理。

（2）用户退出。已登录用户,可以点击退出注销账号,来退出本系统。

（3）重置密码。用户修改密码或者忘记密码时可以重置密码,通过向用户邮箱发送重置密码链接来实现。

（4）数据录入与管理。能够从国内各大天气预报网站(如中国天气网、腾讯天气等)采集系统所需的天气预报信息和天气实况信息,并自动放入数据库中,而且能够提供实时天气数据、未来天气预报数据、水稻产量数据和历年气候数据等数据的手工录入。

（5）水稻农业气象预警信息的产生。系统可以根据实时的天气实况信息结合天气预报信息与水稻的主要发育期日期,根据前文建立的水稻气候适宜度模型和水稻气象灾害预警模型来对水稻的气候适宜度和水稻的气象灾害进行预警,得出预警信息。

（6）预警信息的发布。在系统产生的预警信息通过人工审核后,可以以短信和语音电话的形式直接发布到用户的手机上。

（7）水稻产量的估算。在水稻产量预测模型的基础上,可以根据近年水稻的产量和关键的气象因子来对水稻产量进行预报。

5.6.2　性能需求分析

系统在正常使用过程中总是需要录入大量指标的源数据,还需要对数据进行一系列的变换处理,并分析和建立模型。因此,整个数据录入与管理在农业气象信息预警发布系统中起着重要的作用,关系到整个系统的正常运行。所以,系统可靠性、可维护性要求较高。

（1）系统要求稳定、可靠。水稻农业气象信息预警发布系统是为广大的农民用户提供水稻农业气象预警信息的系统,这就要求系统稳定性要强,并且能够可靠地长时间运行。

（2）系统延迟尽可能短。系统源数据量大,数据分析建模复杂,为了给用户提供更加优质的服务,要求系统反应速度要快,响应时间尽量控制在 3 s 以内,避免用户长时间的等待。

（3）系统信息要安全。系统涉及农业气象的各种天气信息,安全性要求较高,需要确保整个系统的实时性和可靠性,防止非法入侵、篡改系统相关数据、发布错误的预警信息。

（4）系统用户界面要易用。整个系统涉及大量天气数据的录入等,而大多数农业从业人员的文化水平程度相对偏低,这就要求系统提供良好的人机交互界面,并且输入输出操作简单。

（5）系统便于维护以及扩充。农业气象信息预警发布系统可以是农业信息化平台中的一个组成部分,所以要求系统在设计过程中考虑升级维护方便。预留相关接口能够方便地对接其他的农业信息化平台,还要能够添加其他的农作物到此农业气象信息预警平台中,便于扩展。

5.6.3　系统设计

水稻农业气象信息预警发布系统以 MySQL 数据库为支撑,采用 PhpStorm 软件工具,结合 PHP 语言开发而成。水稻农业气象信息预警发布系统是一套涵盖水稻生长气象和灾害预警发布的气象预报预警服务系统,可以为水稻的生长发育气象提供精细化服务。该系统能结合湖南水稻的实际情况,建立包括水稻日气候适宜度模型、气象灾害指标库、灾害应急防御措施等在内的各种与水稻相关的农业预警发布系统。

5.6.3.1　系统结构设计

水稻农业气象信息预警发布系统主要由数据管理、水稻气候适宜度预警、水稻农业气象灾害预警和水稻气象产量预报、预警信息发布等模块组成,其系统结构设计如图 5.1 所示。

通过传入实时监测的气象数据信息,并结合短、中期天气预报和实况资料中的各类气象因子,首先判断当前时期是否处于水稻的生长发育期,如果正处于某一生长发育期时段,则可以进入到水稻的气候适宜度模型、农业气象灾害模型、气象产量预报模型,对各个模型输入相应的数据,可以得出预警信息,信息内容主要包括气候适宜度、灾害名称、致灾指标及灾害防御措施等,并可通过预警信息发布系统实时发布到各个用户,还可以综合水稻全生育期逐旬的关键气象因子来对水稻单产进行预报。其主要工作流程如图 5.2 所示。

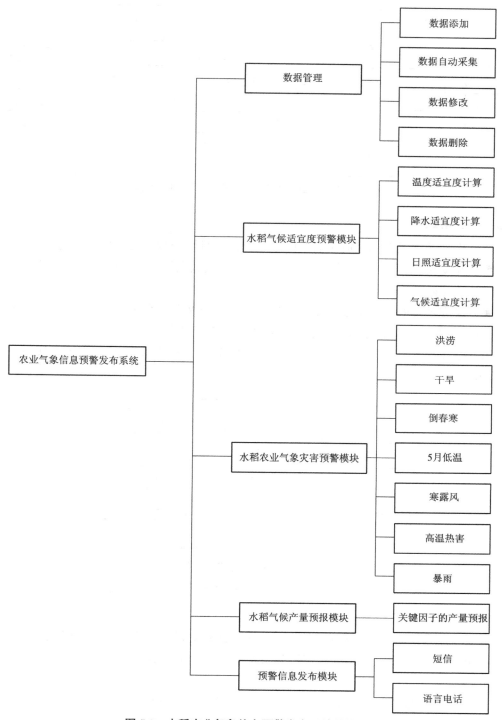

图 5.1　水稻农业气象信息预警发布系统结构图

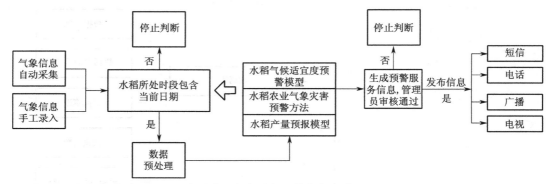

图 5.2　水稻农业气象信息预警发布系统工作流程图

5.6.3.2　数据库设计

数据库设计可以在满足应用需求的基础上,有效地存储数据,构建最优的数据库模式,这是系统开发和建设中的核心技术。数据库设计包括数据结构和应用行为的设计。

1. 数据库概念设计

通过研究系统的需求来设计系统中的数据对象以及各个数据对象之间的关系,主要涉及的实体有用户、天气预报、逐旬气候信息、水稻生育期资料、水稻产量、气象灾害、台站等。我们用 ER(实体－联系)图的形式来表示实体类型、属性和联系,例如气象灾害实体图如图 5.3 所示。

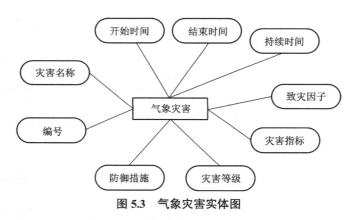

图 5.3　气象灾害实体图

2. 数据库逻辑设计

由于系统采用的是关系型数据库,因此在数据库逻辑设计阶段需要将概念设计阶段形成的 E-R 图转换成特定关系数据库管理系统所支持的关系数据模型。主要实体的关系模型如下:

（1）用户(编号、用户名、密码、手机号、注册时间、用户类型);

（2）天气信息(编号、台站号、年份、月份、日期、温度、最高气温、最低气温、日照时数、降水量、风力、风向、相对湿度、平均降水量、降水量距平);

（3）水稻生育期(编号、台站号、类型、发育阶段、开始时间、结束时间);

（4）逐旬气候（编号、台站号、年份、月份、旬序、旬降水量、旬平均气温、旬降水量平均差、旬降水量标准差、旬平均气温平均差、旬平均气温标准差）；

（5）水稻产量（编号、台站号、年份、类型、实际产量、趋势产量、气象产量）；

（6）气象灾害（编号、开始时间、结束时间、灾害名称、持续时间、致灾因子、指标、灾害等级、防御措施）；

（7）台站信息（台站号、经度、纬度、台站名）；

（8）预警信息（编号、台站号、时间、预警信息类型、内容、级别、状态）；

（9）预警对象（编号、姓名、手机号、家庭地址）。

3. 数据库物理设计

数据库的物理设计是对应用系统选定的逻辑数据模型选择最合适的物理存储结构。数据库的物理设计阶段针对逻辑模型进行详细的表结构设计，主要包括列名、中文名称、类型、最大长度、可否为空、是否 primary key（主键）、是否 foreign key（外键）。例如水稻产量信息表如表 5.15 所示。

表 5.15　水稻产量信息表

编号	字段名称	数据类型	长度	可以为空	是否 primary key	是否 foreign key
id	编号	int	10	N	Y	N
stationid	台站号	varchar	10	N	Y	Y
year	年份	int	4	N	N	N
type	类型	varchar	20	N	N	N
yield	实际产量	varchar	10	N	N	N
yield_t	趋势产量	varchar	10	N	N	N
yield_w	气象产量	varchar	10	N	N	N
other	其他信息	text	500	Y	N	N

5.6.3.3　系统功能模块设计

1. 用户登录模块

在登录界面输入用户的账号和密码，系统自动查询数据库中用户的账号，如果没有查到此账号，则提示用户不存在，如果账号一致，则继续验证用户的密码，如果密码验证失败，则提示用户密码错误。

2. 用户退出模块

当用户在系统中点击注销后，系统将清除 Cookie，用户登出系统，回到登录界面。

3. 重置密码模块

当用户忘记密码或者要修改密码时，点击重置密码，即可进入重置页面，在此页面输入用户名（邮箱名），系统自动发送带有重置密码链接的邮件到邮箱中，用户登录邮箱后打开含有重置密码信息的邮件，点击重置密码链接，进入设置密码页面，重新设置即可。

4. 数据管理模块

该模块的主要功能要求是可以录入如水稻生育期数据、水稻产量、天气信息、逐旬气候信息等数据。在录入数据时,能够验证数据的格式是否规范合理,如果能够通过验证,则可以提交到数据库,系统能根据数据库中的数据存在与否自动选择是插入数据库,或者是更新数据库。该模块还可以利用各大气象网站的 API 接口进行数据的自动采集录入。而且还应具有简单的数据加工功能,可以把逐日气象资料加工转成逐旬气象资料。

5. 水稻气候适宜度预警模块

该模块的主要功能要求是根据用户选择的时间和地区,系统自动从数据库中调用相应时间段的温度、降水、日照时数等气象因子数据,并输入到水稻的气候适宜度模型中,可以对每日的气象因子进行温度适宜度、降水适宜度、日照适宜度和综合气候适宜度评价,系统根据评价所对应的等级高低,输出预警信息。

6. 水稻农业气象灾害预警模块

该模块的主要功能要求是各项气象灾害的预警指标判识,结合当前的实况天气数据、未来天气预报和气候预测,得到未来灾害发生的时间、范围和强度预报、预测结果、发布预警。可以根据用户选择的时间和台站,结合当前的时间来判断水稻所处的生育期和气象灾害发生的时间段,如果当前时间处于气象灾害发生的时间段,则系统自动调用相对应灾害的致灾因子如温度、降水等数据到农业气象灾害预警模型中,结合具体的气象灾害指标分析,可以输出相应的气象灾害等级信息和防御措施等预警信息。

7. 水稻产量预报模块

该模块的主要功能要求是用户选择需要预报产量的年份和水稻类型后,系统自动调用此年份前的产量数据形成的产量预报模型,来对水稻产量进行预报。

8. 预警信息发布模块

该模块的主要功能要求是将系统中所产生的预警信息状态进行标注,当用户点击没有发布的预警信息时,可以选择预警信息的发布对象,将此预警信息发布出去。

5.6.4　系统实现

系统的开发语言为 PHP(Hypertext Preprocessor),它是一种服务端通用开源脚本语言,可以用来创建动态交互性强的网站。PHP 语言吸收了 C、Java 和 Perl 语言的特点,通俗易懂、利于学习,可以快速地对动态网页进行解析和执行。PHP 语言可以运行在不同的平台上,如 Windows、Linux、Unix、Mac OS X 等,同时还与当前主流的服务器 Apache、IIS、Nginx 等相兼容,而且 PHP 还提供了包括 MySQL 数据库等广泛的数据库支持。

系统采用的软件架构模式为 MVC(Model View Controller)。MVC 主要包括模型(model)、视图(view)、控制器(controller)。它使用一种将业务逻辑、数据、界面显示分离的方法组织代码,将业务逻辑聚集到一个部件里面,在改进和个性化定制界面及用户交互的同时,不需要重新编写业务逻辑,能够实现程序的动态设计,同时方便程序进行修改和扩展。其中,模型负责组织数据和应对用户请求,视图负责将数据按照一定的格式显示出来与用户进行交互,控制器是模型与视图之间沟通的桥梁,可以对请求进行处理。

5.6.4.1　用户管理模块的实现

用户管理模块是系统最基础的一个模块。用户管理模块可以实现对系统用户的管理,例如用户注册界面图如图 5.4 所示。

图 5.4　用户注册界面图

5.6.4.2　数据管理模块

数据管理模块的主要功能是录入水稻生育期数据、水稻产量、天气信息、逐旬气候信息等数据。例如天气信息录入模块可以录入基本的天气信息,先选择年份、月份、日、台站来录入相对应的温度、降水量、日照时数、最高气温、最低气温和相对湿度等基本的天气元数据。天气信息录入界面图如图 5.5 所示。

5.6.4.3　水稻日气候适宜度预警模块

在日气候适宜度预警模块,用户通过下拉菜单选择年、月、日、地点、水稻类型和预警类别来对具体一天中的温度、降水、日照和综合气候等气象因子的适宜度进行评价,如果评价的结果为不适宜,则弹出弹窗告诉用户哪个因子不适宜,并提醒用户发布预警信息;如果评价的结果为适宜,则弹窗告诉用户气候适宜度的评价结果。其主要界面图如图 5.6 所示。

图 5.5　天气信息录入界面图

图 5.6　水稻日气候适宜度预警模块界面图

5.6.4.4　水稻气象灾害预警模块

在气象灾害预警模块,用户通过选择下拉框选择年、月、旬、地点和灾害类型,系统对预警的时间和预警灾害类型的具体气象灾害指标进行判断,以此来判断是否发布预警信息。在此模块中页面中有一个水稻气象灾害发生时段表,在选择具体的气象灾害类型和发生时间时,可以参考这个表,帮助快速进行气象灾害预警。其主要界面图如图 5.7 所示。

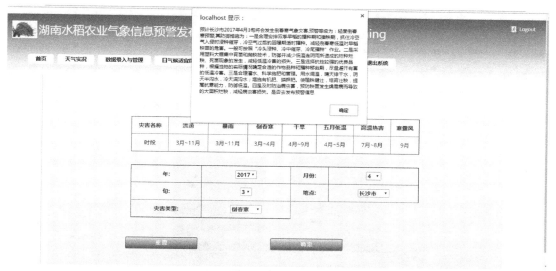

图 5.7　水稻气象灾害预警模块界面图

5.6.4.5　水稻产量预报模块

在水稻产量预报模块,用户通过下拉框选择年份、类型和地点等条件后,点击"确定"即可输出选择的具体年份、具体类型和具体地点的水稻产量的预测值,并通过柱形图来输出水稻的预报产量。例如在图 5.8 中选择年为 2000 年,类型为早稻,地点为长沙市,点击"确定"后可以得到图 5.9。

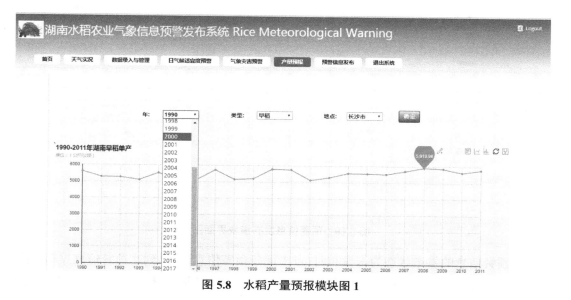

图 5.8　水稻产量预报模块图 1

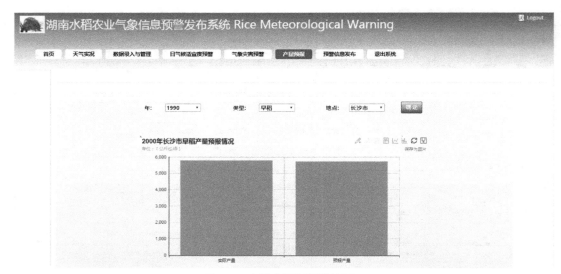

图 5.9　水稻产量预报模块图 2

5.6.4.6　预警信息发布模块

预警信息发布模块将本系统中产生的预警信息以列表的形式表现出来,每条预警信息包括预警时间、预警级别、预警类型、预警内容概况和发布状态,界面如图 5.10 所示。

图 5.10　预警信息发布模块界面图

当预警信息的发布状态为未发布时,点击此条预警信息,可以到达预警信息发布界面。在该界面中通过勾选可以选择预警信息的发送对象,点击“发送”按钮后,会发送预警的短信和电话给预警对象,如图 5.11 和图 5.12 所示。

图 5.11　预警电话图

图 5.12　预警短信图

参考文献

[1] 侯双双,姜会飞,廖树华,等.利用风险预测方法甄选农业气象灾害指标初探 [J].中国农业气象,2010,31(3):462-466.

[2] 谢明,朱玉新.淮北地区农业干旱监测预警与决策服务系统研究 [J].安徽农业科学,2009,37(3):1245-1247,1252.

[3] 杨林.基于 GIS 的福建省气候监测与灾害预警系统 [J].气象科技,2015,33(5):474-477.

[4] 姚小英,蒲金涌,姚茹莘,等.气候暖干化背景下甘肃旱作区玉米气候适宜性变化 [J].地理学报,2011,66(1):59-67.

[5] 李树岩,刘伟昌.基于气象关键因子的河南省夏玉米产量预报研究 [J].干旱地区农业研究,2014(5):223-227.

[6] 黄健熙,武思杰,刘兴权,等.基于遥感信息与作物模型集合卡尔曼滤波同化的区域冬小麦产量预测 [J].农业工程学报,2012(4):142-148.

[7] ZHANG L Z, CAO W X, ZHANG S P. Simulation model for cotton development stages based on physiological development time[J]. Cotton Science,2003,15(2):97-103.

[8] 蒋定生,黄国俊,帅启富,等.渭北旱塬降水对农作物生长适宜度的模糊分析 [J].水土保持研究,1992(2):61-71.

[9] FANG K, REN Q S, FENG X M, et al. Research on rice yield forecasting model[J].

Advance Intelligent Systems Research，2017，153：114-117.

[10] VIOREL B，QAHTAN A A，ADRIAN C，et al. The stability of the radiative regime does influence the daily performance of solar air heaters[J].Renewable Energy，2017，107：22-25.

[11] 陈玉民,郭国双,王广兴,等. 中国主要作物需水量与灌溉 [M]. 北京：中国农业出版社，2002：82-83.

[12] 陈怀亮,张雪芬. 玉米生产农业气象服务指南 [A]. 北京：气象出版社,2017.

[13] RILEY G. Expert systems：principles and programming[M].Boston：PWS Publishing Company,2004.

[14] MAXIME C,COSTAS S,RITU K,et al. Linear algorithm for conservative degenerate pattern matching[J]. Engineering Applications of Artificial Intelligence,2016,51：109-114.

[15] SUJATHA B,VISWANADHA R S. Ontology based natural language interface for relational databases[J].Procedia Computer Science,2016,92：487-492.

[16] 彭超. 拟合优度检验统计量的研究及在质量控制中的应用 [D]. 秦皇岛：燕山大学,2012.

第 6 章　神经网络模型

人工神经网络(Artificial Neural Networks，ANN)是一种通过模拟人脑神经网络而进行信息分析与处理的数学模型，也简称为神经网络。人工神经网络模型以现代脑神经学科的研究成果为基础，试图通过模拟大脑神经系统的某些机理与机制对各种信息进行存储、分析、加工和处理，实现某些特定的功能和作用。神经网络算法是一种发展迅速的机器学习方法，是人工智能的一种重要方法和实现手段。

6.1　人工神经网络

虽然单个神经元模型的结构简单、功能有限，但如果将大量的神经元组合起来，构造成一种神经网络模型，那么它所能实现的功能与行为则更加的丰富多彩，分布式存储和并行协调处理各种特征信息是人工神经网络最大的特征。

1943 年，W.Mcculloch 等[1] 基于神经元基本特性提出了神经元的数学模型，即 MP 模型，迈出了人工神经网络研究的第一步。1957 年，F.Rosenblatt 利用硬件最先构建出了人工神经网络模型，即"感知器"，并将其应用于文字识别、声音识别以及信号识别等领域。20 世纪 60 年代之后的 20 年间，人工神经网络发展比较慢，直到 20 世纪 80 年代后期，随着计算机技术和电子技术的不断提升以及脑科学、生物学、光学等交叉学科的迅猛发展，人工神经网络的发展才步入兴盛期。由于人工智能发展的要求，人工神经网络的理论研究与应用实践进入鼎盛时期。

6.1.1　神经元模型

人工神经网络是由很多个单个神经元模型相互连接组成的非线性、自适应信息处理系统。神经元是人工神经网络的基本单位，也称为节点，而且每个节点的输出都基于某种特定的函数，这个函数称为激励函数(Activation Function)。每两个节点之间的连接都有一个通过该连接信号的加权值，称为权重(Weight)。人工神经网络的输出取决于网络拓扑结构、初始权值及激励函数的选取。如改变网络拓扑结构，人工神经网络的输出会发生改变。神经元模型是人工神经网络设计的基础，常用的神经元模型如图 6.1 所示。

在图 6.1 中，$x_1, x_2, \cdots, x_m$ 表示模型的输入信号，$w_1, w_2, \cdots, w_m$ 表示模型的权值，u 表示输入信号与对应权值线性组合后的输入信号，b 表示模型的阈值，$f(\cdot)$ 表示模型的激励函数，y 表示模型的输出，其中：

$$u = \sum_{i=1}^{m} w_i x_i \tag{6.1}$$

$$y = f(u - b) \tag{6.2}$$

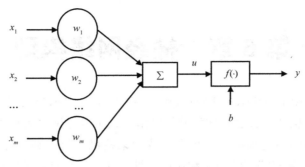

图 6.1　人工神经元模型

激励函数 $f(\cdot)$ 的选取主要是根据输入信号的特性和对输出信号的期望来确定的，$f(\cdot)$ 可以是线性函数，也可以是非线性函数。目前，比较常用的激励函数主要有域值函数、分段线性函数和非线性转移函数。

1. 域值函数

域值函数（阶跃函数），其函数表达式为

$$f(x) = \begin{cases} 1, & x \geqslant 0 \\ 0, & x < 0 \end{cases} \tag{6.3}$$

当自变量小于 0 时，函数 $f(x)$ 的输出恒为 0；当自变量大于或等于 0 时，函数 $f(x)$ 的输出恒为 1。域值函数可以把神经网络的输入和输出分成两类，式（6.3）对应的图形如图 6.2 所示。

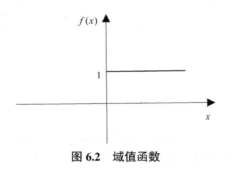

图 6.2　域值函数

2. 分段线性函数

分段线性函数，其函数表达式为

$$f(x) = \begin{cases} 1, & x \geqslant 1 \\ x, & -1 < x < 1 \\ -1, & x \leqslant -1 \end{cases} \tag{6.4}$$

该函数在 $(-1, +1)$ 区间内的变化率是相同的，这种形式的激励函数可以看作是非线性放大器的近似，式（6.4）对应的图形如图 6.3 所示。

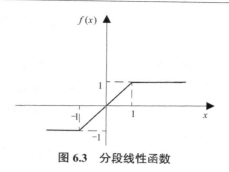

图 6.3　分段线性函数

3.S 函数

S 函数也称为非线性转移函数或 Sigmoid 函数,其函数表达式为

$$f(x) = \frac{1}{1 + e^{-x}} \tag{6.5}$$

单极性 S 函数将实数域 **R** 连续映射到闭区间 [0,+1] 上,代表连续型神经元模型。S 函数是一种非常重要的激励函数, S 函数最大的特点是函数本身和其导数都是连续的,相对其他函数的使用更具优势。S 函数对应的函数图形如图 6.4 所示。

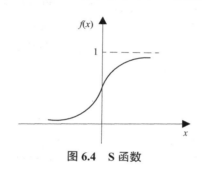

图 6.4　S 函数

S 函数的导数:

$$f'(x) = \frac{1}{1 + e^{-x}} - \frac{1}{(1 + e^{-x})^2} = f(x)(1 - f(x))$$

显然, $0 \leqslant f'(x) \leqslant 1$ 。

6.1.2　神经网络学习

人工神经网络由神经元模型构成,是一种信息处理网络。神经网络模型在某种条件和状态下对网络的权值和阈值进行自动调整的过程称为神经网络学习。人工神经网络具有强大的自适应和自处理能力是通过不断学习实现的,这种学习也称为训练。根据学习环境的不同,神经网络可以分为两种学习方式:监督学习和无监督学习[2]。

(1)监督学习是指通过将训练样本的数据添加到神经网络模型的输入端,并将模型的实际输出与期望输出进行比较,可以得到模型的输出误差,如果实际输出符合期望输出或者输出误差大小满足要求,则认为已经达到学习目的,否则可以调整模型的权值和阈值,直至误差大小满足期望需求为止才结束学习。这种以误差大小作为"衡量标准",通过调整神经网络参数来优化模型的过程就称为监督学习。

（2）无监督学习正好与监督学习方式相反,无监督学习并不给定标准样本,而是直接将神经网络置于环境之中,学习和工作阶段成为一体。具体来说,无监督学习是根据神经网络本身的功能直接进行权值和阈值的调整,我们并不需要知道这种调整的结果是好还是坏。

到目前为止,在人工神经网络模型中,没有一种特定的学习算法能够很好地适用于所有的神经网络结构和具体问题。最常见的学习规则主要有以下三种。

1.Hebb 学习规则

Hebb 学习规则是一种典型的无监督学习规则,它是通过网络输入输出变化来自动调整网络权值的一种方法。在 Hebb 学习规则中,不需要知道关于期望输出的任何相关信息。假设网络神经元的输入为 $x = (x_1, x_2, \cdots, x_n)^{\mathrm{T}}$,权值为 $w(t)$,输出为 $y = f(w(t)^{\mathrm{T}} x)$,则权值的调节量为

$$\Delta w(t) = \eta x y \tag{6.6}$$

其中, $\Delta w(t)$ 表示权值调节量, η 表示权值调节系数,即学习速率。

由式（6.6）可以发现, $\Delta w(t)$ 与网络的输入和输出的乘积成正比,且网络的输出对权值的影响较大。在 Hebb 学习规则中,为防止网络的输入和输出正负始终一致,从而造成权值的无约束增长,需要对网络的权值设定一些特定条件和规则。

综上可知,网络神经元权值的修正公式为

$$w(t+1) = w(t) + \Delta w(t) = w(t) + \eta x y \tag{6.7}$$

2. 感知器学习规则

规定学习信号等于神经网络的实际输出与期望输出之差,这就是感知器学习规则,这种学习规则是一种典型的有监督学习。对于样本输入 x,假设网络神经元的期望输出为 d,神经元的激励函数为 Sigmoid 函数,当前输出为 $y = \mathrm{Sigmoid}(w(t)^{\mathrm{T}} x)$,记

$$e(t) = y - d = \mathrm{Sigmoid}(w(t)^{\mathrm{T}} x) - d$$

为误差信号,则在感知器学习规则中权值的调节量为

$$\Delta w(t) = e(t) x \tag{6.8}$$

3. δ（Delta）学习规则

根据神经网络的输出误差对神经元间的连接权值进行修正的规则称为 δ 学习规则,它是一种典型的监督学习。 δ 学习规则也被称为误差校正学习算法、梯度法或者最速下降法,是目前应用最为广泛的神经网络学习规则。

假设神经网络中的输入神经元为 i,输出神经元为 j,网络的连接权值为 w_{ij},输出神经元 j 的实际输出为 Y_j,期望输出为 T_j,记神经元 j 的输出误差为

$$\delta_j = Y_j - T_j$$

则权值的修正公式为

$$w_{ij} = \eta \delta_j Y_i \tag{6.9}$$

其中, η 表示学习速率, Y_i 表示输入神经元为 i 的输入值。

δ学习规则如图 6.5 所示。

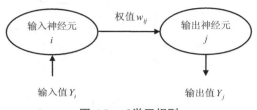

图 6.5 δ学习规则

神经网络的实际输出与期望输出之间误差的大小称为误差函数,误差函数也被称作目标函数。神经网络的训练是否完成通常用误差函数来衡量,当误差函数小于某一个设定的值时,即神经网络停止训练。误差函数定义为

$$e = \frac{1}{2}\sum_{k=1}^{m}[d_k - y_k]^2 \tag{6.10}$$

其中,y_k 表示神经网络的实际输出,d_k 表示神经网络的期望输出,m 表示神经网络的训练样本个数。

6.2　BP 神经网络

6.2.1　BP 神经网络概述

BP(Back Propagation)神经网络是一种按误差逆传播算法训练的多层前馈网络, 1986 年最先由 Rumelhart 和 McCelland 提出 [3]。经过多年的实践经验表明, BP 神经网络能够学习和存储大量的输入 - 输出模式映射关系,而且不需事前揭示描述这种映射关系的数学方程,并能够通过这种映射关系揭示网络内在的规律和特征,是当前应用最为广泛的神经网络模型之一。BP 神经网络采用的是 δ 学习规则,通过反向传播来不断调整网络的权值和阈值,使网络的误差平方和最小。BP 神经网络模型一般包括输入层(input layer)、隐含层(hide layer)和输出层(output layer)三个网络拓扑结构,其中隐含层可以包含一层或者多层,如图 6.6 所示。

在图 6.6 中,拓扑结构图表示一种典型的三层 BP 神经网络模型,而 $X_1, X_2, \cdots, X_n$ 表示网络的输入节点, $H_1, H_2, \cdots, H_p$ 表示网络的隐含层节点, $Y_1, Y_2, \cdots, Y_m$ 表示网络的输出节点, w_{ij} 表示输入层与隐含层之间的连接权值, w_{jk} 表示隐含层与输出层之间的连接权值。通过图 6.6 易知: BP 神经网络同层之间各节点互不影响,相邻两层之间的各节点相互连接,从而很好地模拟了输入 - 输出模式映射关系 [4]。

现在,BP 神经网络已被越来越多的行业和领域应用,在现有的人工神经网络模型中,有 80% 以上都采用了 BP 神经网络或其变形。

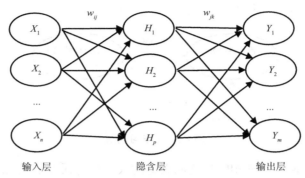

图 6.6　BP 神经网络拓扑结构

6.2.2　BP 神经网络算法原理

BP 神经网络是一种基于 δ 学习规则的多层前馈神经网络,其算法的主要思想是通过计算 BP 神经网络的输出误差来估计输出层的直接前导层的误差,再利用这个误差来估计更前一层的误差,如此一层一层地反向传下去,就可以获得其他各层的误差估计。因此,BP 神经网络模型的学习过程可以分为两个方面:一是信号的正向传播,二是误差的反向传播。

在信号正向传播过程中,每一层的神经元状态只影响下一层的神经元状态,网络输入信号由输入层经隐含层逐层处理,直至输出层,产生输出信号;若输出信号不能满足期望或者输出误差不能满足需求,则转入误差反向传播过程。

在误差反向传播过程中,根据输出误差估计出前导层的误差,从输出层向输入层逆向传输,并利用该误差信号对经过的每一个神经元的权值和阈值进行修正和更新,从而使 BP 神经网络的实际输出不断地逼近期望输出,直到 BP 神经网络的输出误差减少到可接受的范围内或者达到事先设置的学习次数时,学习过程才会停止。神经网络学习目的就是希望能够学习到一个模型,通过该模型对输入能够输出一个我们期望的输出。BP 神经网络的学习过程流程图如图 6.7 所示。

综上可知, BP 神经网络算法的学习过程主要包括两个方面:信号的正向传播和误差的反向传播。信号的正向传播是指计算神经网络模型的实际输出时按从输入层到输出层的方向进行,而误差的反向传播是指模型权值和阈值的修正更新按从输出层到输入层的方向进行[5]。

下面以战士打靶为例,讲一讲 BP 神经网络的学习过程。

学习目标:训练战士能命中靶心成为神枪手。

已知系列射击姿势坐标 (x, y) 以及射击结果,即命中靶心和不命中靶心。

我们的目标是训练出一个神经网络模型(战士打靶过程),只要输入一个点的坐标(射击姿势),它就能告诉你这个点的命中结果(是否命中)。

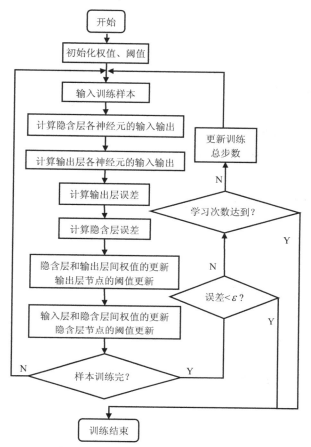

图 6.7　BP 神经网络的学习过程流程图

我们的方法是训练一个能根据误差不断自我调整的模型,训练模型的步骤如下。

正向传播:把点的坐标数据输入神经网络,然后开始一层一层的传播下去,直到输出层输出结果。

反向传播(BP):对于战士打靶过程这个神经网络模型,射击姿势(输入)和命中靶心(期望的输出)是已知的。训练这个神经网络模型,一开始的时候随便开一枪(w, b 参数初始化称随机值),观察结果(这时候相当于进行了一次正向传播);然后发现偏离靶心左边,应该往右点儿打。所以,战士开始根据偏离靶心的距离(误差,也称损失)往右调整一点射击方向(这时完成了一次反向传播)。每完成一次正反向传播,也就是完成了一次神经网络的训练迭代,反复调整射击角度(即反复迭代),误差越来越小,战士打得越来越准,这就是神枪手模型。

下面是一个三层 BP 神经网络算法计算的主要步骤。

步骤 1:BP 神经网络参数初始化。

在学习前,BP 神经网络模型需要预先确定以下参数。

(1)输入层的输入节点个数 n ,即样本数据为

$$\boldsymbol{x} = (x_1, x_2, \cdots, x_n)^{\mathrm{T}}$$

（2）样本数据个数 m 。

（3）隐含层节点个数 p 。

隐含层各节点的输入为

$$\boldsymbol{hi} = (hi_1, hi_2, \cdots, hi_p)^{\mathrm{T}}$$

隐含层各节点的输出为

$$\boldsymbol{ho} = (ho_1, ho_2, \cdots, ho_p)^{\mathrm{T}}$$

（4）输出层节点个数 q ，样本数据的实际输出为

$$\boldsymbol{y} = (y_1, y_2, \cdots, y_q)^{\mathrm{T}}$$

（5）样本数据对应的网络期望输出为

$$\boldsymbol{d} = (d_1, d_2, \cdots, d_q)^{\mathrm{T}}$$

（6）输入层与隐含层间的连接权值为

$$w_{ih}, i = 1, 2, \cdots, n; h = 1, 2, \cdots, p$$

（7）隐含层与输出层间的连接权值为

$$w_{ho}, h = 1, 2, \cdots, p; o = 1, 2, \cdots, q$$

（8）隐含层各节点的阈值为

$$b_h, h = 1, 2, \cdots, p$$

（9）输出层各节点的阈值为

$$b_o, o = 1, 2, \cdots, q$$

（10）学习速率 η 。

（11）误差函数 e 。

（12）误差精度值 ε 。

（13）最大学习次数 M 。

（14）神经元激励函数 $f(\cdot)$ 。

BP 神经网络最常用的激励函数主要是 $\log\mathrm{sig}$ 函数和 $\tan\mathrm{sig}$ 函数，它们的函数表达形式如图 6.8 所示。

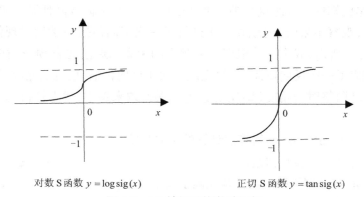

对数 S 函数 $y = \log\mathrm{sig}(x)$　　　　　正切 S 函数 $y = \tan\mathrm{sig}(x)$

图 6.8　BP 神经网络激励函数

步骤 2:第 k 个训练的样本为 $\boldsymbol{x}(k)$ 及其对应的期望输出 $\boldsymbol{d}_o(k)$,记为

$$\boldsymbol{x}(k) = (x_1(k), x_2(k), \cdots, x_n(k))^{\mathrm{T}} \tag{6.11}$$

$$\boldsymbol{d}_o(k) = (d_1(k), d_2(k), \cdots, d_q(k))^{\mathrm{T}} \tag{6.12}$$

相应的输入层与隐含层间的连接权值为

$$w_{ih}(k), i = 1, 2, \cdots, n; h = 1, 2, \cdots, p$$

及隐含层与输出层间的连接权值为

$$w_{ho}(k), h = 1, 2, \cdots, p; o = 1, 2, \cdots, q$$

隐含层各节点的阈值为

$$b_h(k), h = 1, 2, \cdots, p$$

输出层各节点的阈值为

$$b_o(k), o = 1, 2, \cdots, q$$

步骤 3:计算隐含层和输出层各节点的输入和输出。

隐含层各节点的输入为

$$hi_h(k) = \sum_{i=1}^{n} w_{ih} x_i(k) - b_h \quad h = 1, 2, \cdots, p \tag{6.13}$$

经激励函数处理后的隐含层各节点的输出为

$$ho_h(k) = f(hi_h(k)) \quad h = 1, 2, \cdots, p \tag{6.14}$$

输出层各节点的输入为

$$yi_o(k) = \sum_{h=1}^{p} w_{ho} ho_h(k) - b_o \quad o = 1, 2, \cdots, q \tag{6.15}$$

经激励函数处理后的输出层各节点的网络实际输出为

$$y_o(k) = f(yi_o(k)) \quad o = 1, 2, \cdots, q \tag{6.16}$$

步骤 4:计算误差函数 e 对输出层的各节点的偏导数 $\delta_o(k)$。

利用网络的期望输出 $\boldsymbol{d}_o(k)$ 和实际输出 $\boldsymbol{y}_o(k)$,由式(6.10)可以得到误差函数为

$$e = \frac{1}{2} \sum_{o=1}^{q} [d_o(k) - y_o(k)]^2$$

误差函数 e 对 w_{ho} 求偏导数得

$$\frac{\partial e}{\partial w_{ho}(k)} = \frac{\partial e}{\partial yi_o} \frac{\partial yi_o}{\partial w_{ho}(k)} \quad h = 1, 2, \cdots, p; o = 1, 2, \cdots, q \tag{6.17}$$

因为,对于 $h = 1, 2, \cdots, p; o = 1, 2, \cdots, q$,有

$$\frac{\partial yi_o(k)}{\partial w_{ho}(k)} = \frac{\partial (\sum_{h=1}^{p} w_{ho}(k) ho_h(k) - b_o(k))}{\partial w_{ho}(k)} = ho_h(k)$$

$$= \frac{\partial (w_{1o}(k) ho_h(k) + w_{2o}(k) ho_h(k) + \cdots + w_{po}(k) ho_h(k))}{\partial w_{ho}(k)} = ho_h(k)$$

对于 $o = 1, 2, \cdots, q$,由式(6.16)得

$$\frac{\partial e}{\partial yi_o} = \frac{\partial(\frac{1}{2}\sum_{o=1}^{q}(d_o(k) - y_o(k)))^2}{\partial yi_o}$$

$$= \frac{\partial(\frac{1}{2}\sum_{o=1}^{q}(d_o(k) - f(yi_o(k))^2)}{\partial yi_o}$$

$$= -(d_o(k) - f(yi_o(k)))f'(yi_o(k))$$

$$= -(d_o(k) - y_o(k))f'(yi_o(k))$$

记

$$\delta_o(k) = \frac{\partial e}{\partial yi_o} = -(d_o(k) - y_o(k))f'(yi_o(k))$$

将 $\dfrac{\partial e}{\partial yi_o}$ 和 $\dfrac{\partial yi_o(k)}{\partial w_{ho}}$ 代入式（6.17）得

$$\frac{\partial e}{\partial w_{ho}(k)} = -(d_o(k) - y_o(k))f'(yi_o(k))ho_h(k) = \delta_o(k)ho_h(k)$$

$$h = 1, 2, \cdots, p; o = 1, 2, \cdots, q \qquad\qquad (6.18)$$

步骤 5：输入层与隐含层间的连接权值。

误差函数 e 对 w_{ih} 求偏导数得

$$\frac{\partial e}{\partial w_{ih}(k)} = \frac{\partial e}{\partial hi_h(k)}\frac{\partial hi_h(k)}{\partial w_{ih}(k)} \qquad\qquad (6.19)$$

对于 $i = 1, 2, \cdots, n; h = 1, 2, \cdots, p$ ，有

$$\frac{\partial hi_h(k)}{\partial w_{ih}(k)} = \frac{\partial(\sum_{i=1}^{n}w_{ih}(k)x_i(k) - b_h(k))}{\partial w_{ih}(k)} = x_i(k)$$

对于 $h = 1, 2, \cdots, p$ ，由式（6.16）得

$$\frac{\partial e}{\partial hi_h(k)} = \frac{\partial(\frac{1}{2}\sum_{o=1}^{q}(d_o(k) - y_o(k)))^2}{\partial ho_h(k)} \cdot \frac{\partial ho_h(k)}{\partial hi_h(k)}$$

$$= \frac{\partial(\frac{1}{2}\sum_{o=1}^{q}(d_o(k) - f(yi_o(k)))^2)}{\partial ho_h(k)} \cdot \frac{\partial ho_h(k)}{\partial hi_h(k)}$$

$$= \frac{\partial(\frac{1}{2}\sum_{o=1}^{q}(d_o(k) - f(\sum_{h=1}^{p}w_{ho}(k)ho_h(k) - b_o(k))^2))}{\partial ho_h(k)} \cdot \frac{\partial ho_h(k)}{\partial hi_h(k)}$$

$$= -\sum_{o=1}^{q}(d_o(k) - y_o(k))f'(yi_o(k))w_{ho}(k) \cdot \frac{\partial ho_h(k)}{\partial hi_h(k)}$$

$$= -(\sum_{o=1}^{q}\delta_o(k)w_{ho}(k))f'(hi_h(k))$$

记

$$\delta_h(k) = \frac{\partial e}{\partial hi_h(k)} = -(\sum_{o=1}^{q} \delta_o(k)w_{ho}(k))f'(hi_h(k))$$

将 $\dfrac{\partial hi_h(k)}{\partial w_{ik}(k)}$ 和 $\dfrac{\partial e}{\partial hi_h(k)}$ 代入式（6.19）得

$$\frac{\partial e}{\partial w_{ih}(k)} = x_i(k)\delta_h(k) \qquad i = 1,2,\cdots,n; h = 1,2,\cdots,p \tag{6.20}$$

步骤 6：修正隐含层与输出层间的连接权值 $w_{ho}(k)$ 及输出层阈值 $b_o(k)$。

隐含层与输出层间的权值调整量为

$$\Delta w_{ho}(k) = -\eta\frac{\partial e}{\partial w_{ho}(k)} = \eta\delta_o(k)ho_h(k) \qquad h = 1,2,\cdots,p; o = 1,2,\cdots,q$$

调整后的权值为

$$w_{ho}(k+1) = w_{ho}(k) + \eta\delta_o(k)ho_h(k) \qquad h = 1,2,\cdots,p; o = 1,2,\cdots,q \tag{6.21}$$

修正后的输出各节点的层阈值为

$$b_o(k+1) = b_o(k) + \Delta b_o(k) = b_o(k) + \eta\delta_o(k)b_o(k) \qquad o = 1,2,\cdots,q \tag{6.22}$$

步骤 7：修正输入层与隐含层间的连接权值 $w_{ih}(k)$ 及隐含层阈值 $b_h(k)$。

输入层与隐含层间的权值调整量为

$$\Delta w_{ih}(k) = -\eta\frac{\partial e}{\partial w_{ih}(k)} = -\eta\frac{\partial e}{\partial hi_h(k)}\frac{\partial hi_h(k)}{\partial w_{ih}(k)} = \eta\delta_h(k)x_i(k)$$

$$i = 1,2,\cdots,n; h = 1,2,\cdots,p$$

修正后的权值为

$$w_{ih}(k+1) = w_{ih}(k) + \eta\delta_h(k)x_i(k) \qquad i = 1,2,\cdots,n; h = 1,2,\cdots,p \tag{6.23}$$

修正后的隐含层各节点的阈值为

$$b_h(k+1) = b_h(k) + \Delta b_h(k) = b_h(k) + \eta\delta_h(k)b_h(k) \qquad h = 1,2,\cdots,p \tag{6.24}$$

步骤 8：计算全局误差函数。

$$e = \frac{1}{2m}\sum_{k=1}^{m}\sum_{o=1}^{q}(d_o(k) - y_o(k))^2 \tag{6.25}$$

步骤 9：判断网络误差是否满足要求。

当全局误差函数达到预先设定的精度 ε 或学习次数大于预先设定的最大学习次数 M 时，则结束算法训练。否则，选取下一个学习样本及其对应的期望输出，返回到步骤 3，进入新一轮的学习。

在 BP 神经网络训练过程中，如何确定隐含层节点数也是一个比较困难的问题。通常来说，如果隐含层节点个数较少，那么 BP 神经网络模型就难以建立复杂的输入－输出映射关系，从而降低对输入样本的识别能力，网络输出误差也会增大，导致网络训练效果较差；如果隐含层节点个数过多，那么又会增加网络的迭代次数，从而导致网络的训练时间延长，并且有可能出现"过拟合"现象，降低网络的泛化能力，进而使得网络的输出误差变大。对于隐含层节点个数的选取，目前只能通过经验公式和多次实验的效果进行比对来确定，还没有

一种准确的方法。隐含层节点个数的经验公式为

$$l = \sqrt{m+q} + a \tag{6.26}$$

其中，l 表示隐含层节点数，m 表示输入层节点数，q 表示输出层节点数，a 表示区间 $[0,10]$ 内的任意整数。

BP 神经网络算法为什么要根据误差对权值的偏导数来修正权值 $w_{ih}(k)$ 和 $w_{ho}(k)$。误差函数可以看成是权值 w_{ho} 的函数，如果当误差对权值的偏导数 $\dfrac{\partial e}{\partial w_{ho}} > 0$ 时，即

$$\frac{\partial e}{\partial w_{ho}} = -(d_o(k) - y_o(k))f'(yi_o(k))ho_h(k) > 0$$

得到

$$y_o(k) > d_o(k)$$

即实际输出大于期望输出。

同时，偏导数 $\dfrac{\partial e}{\partial w_{ho}} > 0$，表明误差函数 $e = e(w)$ 在 $w_{ho}(k)$ 附近关于 w_{ho} 是单调增函数，又由权值修正量 $\Delta w_{ho}(k) = -\eta \dfrac{\partial e}{\partial w_{ho}} < 0$，即权值向减小的方向调整，这时有

$$e(w_{ho}(k+1)) < e(w_{ho}(k))$$

即输出误差减小。

同理，当误差对权值的偏导数 $\dfrac{\partial e}{\partial w_{ho}} < 0$ 时，即

$$\frac{\partial e}{\partial w_{ho}} = -(d_o(k) - y_o(k))f'(yi_o(k))ho_h(k) < 0$$

得到

$$y_o(k) < d_o(k)$$

即实际输出小于期望输出。

同时，偏导数 $\dfrac{\partial e}{\partial w_{ho}} < 0$，表明误差函数 $e = e(w_{ho})$ 在 $w_{ho}(k)$ 附近关于 w_{ho} 是单调减函数，又由权值修正量 $\Delta w_{ho}(k) = -\eta \dfrac{\partial e}{\partial w_{ho}} > 0$，即权值向增大的方向调整，这时有

$$e(w_{ho}(k+1)) < e(w_{ho}(k))$$

即输出误差减小。

综上所述，依据误差对权值的偏导数来修正权值 $w_{ih}(k)$ 和 $w_{ho}(k)$ 总是可以保证输出误差逐步减小。

6.2.3　BP 神经网络算法的理论依据

由上可知，在做权值修正时，我们把权值 w_{ho} 看成变量，则误差函数 $e(w)$ 是一个关于 w_{ho}

的多元函数。由 2.2 节知,函数的梯度是一个向量,误差函数 e 的梯度记为

$$\nabla_w e = (\frac{\partial e}{\partial w_{11}}, \frac{\partial e}{\partial w_{12}}, \cdots, \frac{\partial e}{\partial w_{1q}}, \cdots, \frac{\partial e}{\partial w_{p1}}, \frac{\partial e}{\partial w_{p2}}, \cdots, \frac{\partial e}{\partial w_{pq}})^{\mathrm{T}}$$

而隐含层与输出层间的权值 w_{ho} 调整量为

$$\Delta w_{ho}(k) = -\eta \frac{\partial e}{\partial w_{ho}}$$

调整后的权值为

$$w_{ho}(k+1) = w_{ho}(k) - \eta \frac{\partial e}{\partial w_{ho}} \quad h = 1, 2, \cdots, p; o = 1, 2, \cdots, q$$

即误差函数 $e(w)$ 沿着负梯度($-\nabla_w e$)方向调整,由优化理论知,沿着负梯度方向是最快速的下降方向,这种方法也叫梯度下降法。

如果沿着负梯度方向寻找误差函数 $e(w)$ 的极小值,容易陷入局部极值的陷阱。

6.2.4　BP 神经网络算法优缺点

目前,BP 神经网络是应用最为广泛的一种多层前馈神经网络。BP 神经网络具备人工神经网络的普遍优点,已广泛应用于语音识别、图像识别、信号处理以及数据预测等方面,其优点主要有以下几个方面。

(1)具有较强的非线性映射能力。只要具有足够多的样本数据,通过对 BP 神经网络进行训练,就能建立输入 – 输出映射关系模型,完成任意输入到输出的线性或非线性映射。

(2)具有良好的泛化能力。泛化能力是指 BP 神经网络对训练样本外的新样本的适应能力。BP 神经网络能够通过学习找出隐藏在数据背后的内在规律,并且对具有同一规律的其他数据,可以直接使用训练后的网络进行网络输出。

(3)具有强大的自学习和自适应能力。BP 神经网络可以通过 δ 学习规则,对网络进行训练,自主地调整网络的相关参数,优化网络的输出。

虽然 BP 神经网络具有以上诸多优点,但是通过深入实践和研究发现,其也存在一定的缺陷,主要表现有以下几个方面。

(1)易局部极值。由于 BP 神经网络网络进行训练时,网络的权值调整是沿局部方向逐步进行的,因此权值容易收敛于局部极小点,进而致使网络训练失败。

(2)学习速度慢。BP 神经网络算法实质上是一种梯度下降法算法。随着 BP 神经网络的不断训练,必然会出现"锯齿形现象",从而导致网络的学习过程延长、效率低下。由于 BP 神经网络要优化的目标函数非常复杂,必然会在神经元输出接近 0 或 1 的情况下,会出现一些平坦区,在此区域内,网络的权值误差几乎不发生改变,使得网络训练过程接近停止状态,于是网络收敛速度变慢。

(3)网络拓扑结构难以确定。BP 神经网络的隐含层层数难以确定,一般使用三层 BP 神经网络模型。层数过多会导致网络训练效率低下,并伴随着一定的"过拟合"现象,使得网络性能低下,容错性下降;层数过少又会使得网络极其难以收敛,造成网络训练失败。目

前,理论上还没有一套完整可靠的理论能够确定 BP 神经网络结构,一般只能凭经验选定。

参考文献

[1]　马锐.人工神经网络原理 [M].北京:机械工业出版社,2014.

[2]　翟静,曹俊.基于时间序列 ARIMA 与 BP 神经网络的组合预测模型 [J].统计与决策,2016(4):29-32.

[3]　韩力群.人工神经网络理论设计及应用 [M].北京:化学工业出版社,2002.

[4]　YU F, XU X Z. A short-term load forecasting model of natural gas based on optimized genetic algorithm and improved BP neural network[J]. Applied Energy, 2014, 134(134): 102-113.

[5]　REN C, AN N, WANG J Z, et al. Optimal parameters selection for BP neural network based on particle swarm optimization: A case study of wind speed forecasting[J]. Knowledge-Based Systems, 2014, 56(3):226-239.

第7章 基于 BP 神经网络的生猪价格分析与预测

生猪生产是中国农业生产的重要组成部分,是肉类产品消费的主要来源之一。然而近些年来,生猪价格波动异常剧烈,经常陷入"猪贵伤民,猪贱伤农"的恶性循环中,并表现出明显的波动规律及周期。生猪价格的频繁波动直接影响到了国民消费者的"菜篮子",对中低层收入群体的日常消费造成了比较大的影响,同时也给生产经营者造成了巨大的经济损失,并在一定程度上打击了生猪生产经营者的生产积极性,影响了生猪市场的健康持续发展。如果能够对生猪市场价格的波动做出较为准确的分析和预测,则能够为生产经营者提供决策支持,在很大程度上预防或减缓生猪价格波动带来的不良影响,减少生产经营者的经济损失。生猪价格具有一定的特殊性,其波动频繁,且容易受其他市场因素的影响,因而无法用常规的传统算法对其进行精确的分析和预测。随着科学技术的发展,生猪价格的预测模型和方法已经有了明显的改进和提高,但是目前还没有一种模型或算法能够对生猪价格的波动变化进行精确分析以及对生猪价格进行精准预测,关于此类算法和模型还存在诸多讨论。本章主要针对生猪价格进行研究分析,通过已有的生猪价格数据及相关的研究文献,系统地分析我国生猪价格的现状及其波动特点和波动周期,对生猪价格波动的成因进行分析研究,并对生猪价格预测的方法进行探讨,建立一种生猪价格预测模型,对生猪价格进行精准预测,为生猪生产经营者提供决策支持,预防生猪价格异常带来不必要的经济损失,对于提高生猪生产的经济效益,稳定生猪市场价格波动,促进生猪产业的健康持续发展具有一定的指导意义。

7.1 国内外生猪价格预测研究

国外学者关于生猪价格波动及生猪价格预测的研究分析起步较早,进而其理论体系也相对比较成熟。国外学者主要通过研究生猪价格的周期性变化来对其波动进行研究,其中最具有代表性的便是蛛网理论。蛛网理论本质上是一种动态均衡分析模型,是一种由于某些商品的价格与其产量间的相互影响,而引起的规律性循环变动理论。该理论于 1930 年由美国的舒尔茨、意大利的里奇和荷兰的丁伯根分别独立提出;由于商品的价格和产量的连续变动用图形来表示后极其像蛛网,于是 1934 年英国人卡尔多将这种理论命名为蛛网理论。

Mordecai[1] 最早使用蛛网理论分析研究生猪价格的波动周期,用动态的方法论述了生猪价格和产量在偏离均衡状态后的波动变化过程。Harlow[2] 率先利用蛛网理论来分析生猪价格和产量之间的关系,通过对生猪生产者和消费者的行为分析发现生产者对生猪价格的反应存在一定的时滞性,并且这种时滞远比生猪生长与屠宰间的时滞更长。他认为生猪生产完全取决于生产者对价格的反应,生猪的生产需要一个完整的周期,而生猪的价格周期则取决于生猪市场的供给与需求,并通过蛛网理论分析指出生猪价格的波动周期一般为 4 年。Larson[3] 将调和运动应用到生猪价格的周期性分析研究中,指出生猪的价格周期与"反馈"有关,他认为生猪价格的历史波动变化并不能作为生猪生产经营决策的唯一标准,还需要综合考虑其他因素的价格变动带来的影响。Hayes 等 [4] 对"生产者行为和价格预测"两者之间的负相关性进行了探讨,即假设生猪价格波动存在周期性变化规律,如果生猪生产经营者了解这一周期性变化,并按照周期变化规律的反方向来调整生猪的存栏量,则可以在一定程度上缩短生猪价格波动周期。Ruth 等 [5] 为了对生猪价格的周期性变化进行深层次分析,建立了一种非线性动态模拟模型,通过分析发现生猪市场信息的缺乏及生猪生产的时滞性在一定程度上影响了生猪价格的波动周期。Trostle[6] 通过对生猪价格波动的成因进行分析,指出造成生猪价格波动的因素较多,如玉米、饲料等生产成本,牛肉、羊肉等可替代品价格,国际市场生猪价格变化,进出口量,国家政策,自然灾害和疫情等,所以导致生猪价格的周期分析变得更加复杂。Lidster 等 [7] 通过分析在不同生产水平条件下生猪价格波动与饲料价格之间的关系,建立了四种不同的场景来对生猪价格与饲料价格之间的关系进行分析,最后指出生猪生产者在做出生产决策前需先了解生猪饲养的成本与生产力和收入间的关系。Karlova[8] 通过分析俄罗斯自加入 WTO 后生猪市场的价格变化,指出国际生猪价格变化及生猪进出口变化对猪肉价格及生猪生产收益能力变化造成的影响。Griffith[9] 用频域分析法对澳大利亚生猪市场价格波动周期是否为 4 年进行了验证,实验表明生产、屠宰及价格的年度周期确实存在,但是 4 年周期只在生猪价格中得以体现。Vinter [10] 对生猪价格的季节性波动规律进行了研究,发现因为春冬季节期间节假日比较多,生猪的需求量也相对较大,所以一般春、冬两季生猪价格较高,而夏季则由于天气炎热、猪肉不易存储,从而导致生猪价格大幅度下跌。Hamulczuk 等 [11] 提出了波兰生猪市场价格的市场化机制,指出生猪价格由供需平衡决定,并对影响生猪价格波动变化的因素进行了实证分析,利用 VAR 模型对影响生猪价格波动的因素进行了分析,发现国外市场的变化对波兰生猪价格的影响较为显著。Koontz 等 [12] 指出远期定价的概念以及期货市场对于生猪市场价格的影响,期货合约价格反映了预测的市场条件,当合约足够接近交割月份时,基础商品的供应无法改变,即生猪市场的供应不会发生改变,远期合约的价格也在一定程度上反映了平均饲料成本。Trujillo-barrera 等 [13] 用个体样本密度和综合密度预测方法分别对美国的生猪市场价格进行了分析评估,结果表明个体密度预测是利用单一的时间序列模型,而综合密度预测则利用单个预测和几种加权方案的线性组合而构建,预测精度更优,能为生产者提供一定的经济价值。Alexakis 等 [14] 指出玉米和豆粕作为生猪的主要饲料构成部分与生猪价格之间有着密切的协整关系,并且生猪与饲料之间的价差存在一定的短期偏差,但长期的协整关系导致它们存在相同的变化趋势,即生猪生产成本的投入对生猪价格的变化有着显著的影响。Rembisz 等 [15] 用生产效率和生猪价格与饲料价格之间的关系进行生猪生产盈利系数的研究分析,指出生产效率是生猪生产盈利的基础,生产效率可以补偿或者抵消生猪价格与饲料价格之间的关系恶化带来的不良影响。Garcia 等 [16] 利用生猪期货市场价格数据和时间序列模型对生猪价格进行预测,指出该风险调整预测模型比基于历史数据的时间序列模型具有更高的预测准确性,且在生猪市场动荡期可能存在短期的风险溢价。

大量的研究文献表明,国外学者对生猪价格波动的形成以及生猪价格的波动周期的研究起步较早,主要从生猪供给、需求、国内外市场、疫情、汇率、气候、国际可替代畜产品价格等方面论述了生猪价格波动的成因、生猪价格波动的周期、生猪价格与生产者行为之间的关系及生猪价格波动对生猪市场的影响,形成了比较成熟的理论体系。国外虽然对生猪价格的预测研究较少,但依然可以为我国的生猪市场价格波动规律及生猪价格波动成因的研究提供宝贵的理论经验支持。

我国作为农业大国,生猪在中国农产品市场和居民日常消费中占有较大比重,生猪作为我国传统的肉类食品之一,不仅关系着生产经营者的收益,影响着居民的生活质量,而且生猪市场价格的波动性变化也直接或间接地影响着我国农产品市场价格的变化。目前,国内有关生猪市场价格方面的研究较多,主要是从生猪价格波动规律及周期、影响生猪价格波动的因素及生猪价格预测分析三个方面对生猪价格市场开展研究。

1. 生猪价格波动规律及周期

吕杰等[17]从经济学的角度对我国生猪市场价格的波动规律进行了研究,通过对1984—2005 年全国生猪价格月度数据进行分析,指出我国生猪价格在年间呈现出两头高、中间低的趋势。冷淑莲等[18]对我国 1985—2008 年间生猪价格波动变化进行了统计分析与探讨发现我国生猪价格波动周期为 3~4 年。张峭等[19]用现代数量化分解平滑技术将我国的生猪价格波动分解为长期趋势、季节波动、周期波动和随机波动四个层面进行分析,指出我国生猪价格整体上呈现出上升趋势,每 3.5 年为一个大的波动周期,且年内生猪价格表现出明显的"两头高、中间低"的季节性波动特征。以上的波动特征与 Vinter[10] 的研究结果基本一致。刘艳芳[20]用季节调整、H-P 滤波和 B-P 滤波等方法对我国生猪价格的趋势、规律和周期进行分析,指出我国生猪市场价格波动周期为 3~3.5 年,且呈现季节性波动特征。陈艳丽[21]对 2003—2012 年生猪价格的波动变化进行了分析,表明我国生猪市场价格存在明显的"蛛网现象",且其波动周期一般为 3~4 年。梁俊芬等[22]将生猪市场价格波动分解为长期趋势、季节波动、周期波动和随机波动四个层面,以 2010—2015 年广东省的生猪价格月度数据为研究对象,利用 H-P 滤波法和 Census X 季节调整法对生猪价格内在的波动规律及特征进行了深度分析,发现广东省生猪价格波动剧烈,且具有明显的周期性和季节性波动特征,生猪价格长期呈现出非线性上升趋势。黎东升等[23]以 2000—2013 年我国月度生猪价格为研究对象,运用 H-P 和 B-P 滤波法对生猪价格的波动规律和波动周期进行了研究,指出近些年我国生猪价格波动异常剧烈,我国生猪价格在年间大的上涨周期内往往伴随着年内下跌小周期,而且年内下跌周期近些年明显缩短,并指出我国生猪价格的波动周期存在一定的集聚效应。潘方卉[24]指出我国生猪价格的时间序列中存在着下跌阶段、稳定阶段和上升阶段三种区制状态,并运用马尔柯夫区制转移模型对我国生猪价格周期波动的持续性和非对称性进行研究分析,指出我国生猪价格在各区制上表现出不同的周期波动持续性和非对称性。武深树[25]对 2000—2013 年湖南省月度生猪价格数据进行了分析,结果表明湖南省生猪价格同样具有明显的季节性波动,呈现出"两头高、中间低"的波动特征。

综上所述,我国生猪价格波动存在明显的季节性和周期性特征,年间的波动周期一般为3~4 年,在年内波动小周期中我国生猪价格呈现出"两头高、中间低"的波动特征,每年的 1

至 2 月生猪价格较高，3 月开始生猪价格开始下跌，5 至 7 月生猪价格跌至谷底，然后 9 月开始生猪价格又缓慢上涨，10 月生猪价格又会出现小幅度下跌然后又持续上涨，11 至 12 月生猪价格上涨到较高价位。

2. 影响生猪价格波动的因素

宁攸凉等 [26] 运用定性与定量的方法对 2000—2009 年全国月度生猪价格的波动特征及波动成因进行了分析，指出生猪价格波动的主要影响因素有生产成本、居民收入水平、替代品价格和疫情灾害等。綦颖等 [27] 对辽宁省 14 个市的生猪市场价格进行了研究分析，指出生猪价格波动的主要影响因素有生产成本、仔猪价格、生产者和经营者价格预期等供给层面，替代品价格、居民收入水平、季节性消费习惯等需求层面。赵守军等 [28] 从生猪的生产成本、生产方式以及生产经营者的价格预期三个层面对山东省生猪价格波动进行了分析，并建立了生猪价格的回归分析模型，指出在影响生猪价格波动因素的生产成本中，生猪价格与仔猪价格之间显著相关，玉米价格次之。张晨等 [29] 指出饲料价格、仔猪价格以及生猪价格之间存在长期的均衡关系。陈迪钦等 [30] 分别从玉米价格、仔猪价格和生产者预期价格等供给层面以及替代品价格、收入水平和季节性消费等需求层面对影响生猪价格波动的因素进行了分析，并运用多线性模型和一阶 AR 模型对生猪价格波动的主要影响因子的关联度进行计算，结果表明玉米价格对生猪价格波动的影响最大，其次是仔猪价格，其中生猪价格与玉米价格、鸡肉价格、仔猪价格间呈显著正相关关系，与生产者预期呈负相关关系。赵瑾等 [31] 指出饲料、用工等生产成本的增加使得生猪价格长期呈现上升趋势。王国栋 [32] 指出引起生猪价格波动的主要因素来自生产成本和生猪市场供求，其中玉米、豆粕等饲料价格和牛肉、羊肉等可替代品价格对生猪价格波动的影响显著。贺鸣等 [33] 指出国际、国内宏观经济的变化影响了我国生猪价格的波动，但供给层面的供给关系变化是影响我国生猪市场价格波动的主要因素，主要包括生猪的生产周期、生产量、饲料成本和生产者行为变化等。付莲莲等 [34] 以江西省月度生猪价格数据为研究对象，建立灰色关联度模型和逐步回归模型，指出影响生猪价格波动的主要因素有玉米价格、豆粕价格、仔猪价格、猪肉价格、生产者预期、牛肉等替代品价格和疫情等，其中玉米价格和仔猪价格对生猪价格波动的影响最为显著。魏珠清等 [35] 运用生猪供应链价格传导的动力学模型对这些因素进行了分析，表明供需关系变化是生猪价格波动的最根本原因。罗千峰等 [36] 运用蛛网理论对生猪价格波动周期的内在机理进行了研究分析，指出生猪市场供求关系变化和猪肉市场供应的时滞性是生猪价格周期性波动的根本原因，降低生猪生产成本、提高生猪产业效益、促进生猪产业规模化、建立健全生猪市场价格监控和预警平台等能有效地降低生猪价格波动幅度。

综上所述，影响我国生猪价格剧烈波动的因素较多，主要分为供给层面、需求层面及市场外层面三个方面。供给层面主要包括生产成本、仔猪价格、生产者和经营者的价格预期等，其中以玉米价格和仔猪价格对生猪价格波动的影响最为显著；需求层面主要包括牛肉、羊肉等可替代品价格、季节性消费、居民收入水平、人口数量与结构等；市场外层面主要包括自然灾害、疫情、政府政策、国内外经济环境等。

3. 生猪价格预测分析

马孝斌等 [37] 在对影响生猪价格波动因素的关联性分析的基础上建立了向量自回归

（VAR）模型对生猪市场价格进行预测分析，VAR 模型是生猪价格与多个影响因子间的关系模型。平平等[38]利用回归预测理论将预测分为因素预测和结果预测两部分，采用不同的组合预测模型分别进行预测分析，指出灰色系统和神经网络的组合模型的预测准确度更高，具有更好的预测效果。罗创国等[39]利用自回归积分滑动平均模型（ARIMA）对 2004—2009年全国生猪季度价格变化进行了统计分析，并用该模型对 2009 年下半年和 2010 年上半年生猪价格进行了短期预测。黄靖贵等[40]建立了时间序列 - 截面数据模型，对生猪价格进行预测。丁琳琳等[41]分别采用支持向量机模型（SVM）和 BP 神经网络模型对生猪价格进行了预测分析，指出在分析生猪价格与其影响因素之间的非线性关系方面，SVM 模型性能更优，具有更好的预测效果。许彪等[42]建立了趋势因素、周期因素、季节因素、随机因素、货币因素等五种因素模型来分析生猪价格的波动规律，进而对生猪价格进行预测分析，指出在生猪生产成本上涨的情况下，生猪市场价格也会持续上涨。王佳琪[43]将 holt-winters 加法模型和马尔柯夫模型结合对生猪价格进行预测，利用 holt-winters 加法预测模型对生猪市场价格数据进行分析、处理及预测，利用马尔柯夫预测模型对生猪价格的涨跌趋势进行计算并给出其涨跌率。吉阳等[44]建立了小波神经网络和 ARIMA 预测模型，以四川省周度生猪价格数据为研究对象，指出在非线性数据和多指标复杂数据的波动规律分析方面小波神经网络模型具有更好实验效果。楼文高等[45]建立广义回归神经网络预警模型（GRNN），以2009—2011 年全国的月度生猪价格数据为研究对象，并用平均绝对误差（MAD）和平均相对误差（MRE）的大小来评估模型的预测精度。

　　综上所述，我国生猪价格预测方法主要分为定性和定量两个方面。定性法主要是通过观测研究以往的生猪价格历史数据的波动变化规律，人为地给出大致的价格趋势，该方法简单、便捷，但预测精确度较低；定量法主要是通过一些算法模型对生猪价格进行预测，现有的价格预测方法主要有 BP 神经网络模型、灰色系统模型、时间序列模型及回归分析等。

7.2　生猪价格分析研究

7.2.1　数据来源

　　本章所有数据主要来源于中国农业农村部官网、中国畜牧业信息网，选取了 2012 年 1月第 1 周至 2018 年 3 月第 3 周间的生猪、仔猪、猪肉、鸡蛋、牛肉、羊肉、玉米、豆粕和育肥猪饲料等九种农产品的周度价格数据，如表 7.1 所示。对生猪的周度价格数据进行分析处理，可以得到比月度数据和年度数据更为精准的生猪价格信息，如价格波动规律、周期及价格预测等。

表 7.1 价格数据

序列	时间	生猪价格/kg	仔猪价格/kg	猪肉价格/kg	鸡蛋价格/kg	牛肉价格/kg	羊肉价格/kg	玉米价格/kg	豆粕价格/kg	育肥猪饲料价格/kg
1	20120101	17.47	29.88	27.45	9.88	40.51	47.95	2.35	3.41	3.02
2	20120102	17.62	30.07	27.62	9.87	41.03	48.55	2.35	3.42	3.02
3	20120103	17.77	30.34	28.03	9.84	41.77	49.51	2.35	3.43	3.03
4	20120104	17.75	30.54	28.20	9.78	42.20	49.84	2.35	3.44	3.03
5	20120201	17.70	30.76	27.77	9.66	42.30	49.86	2.35	3.44	3.03
…	…	…	…	…	…	…	…	…	…	…
325	20180303	11.58	27.32	22.29	9.30	64.59	61.47	2.06	3.39	3.03

注:表中时间列表示周度时间,如时间 20120101 表示的是 2012 年 1 月第 1 周。

7.2.2 生猪价格规律

近些年,由于受疫情、自然灾害、生猪养殖成本的上升以及生猪可替代产品的价格变化等因素的影响,我国生猪市场价格波动剧烈,给生产经营者及消费者带来了很大的负面影响,不利于生猪产业的健康持续发展。如果能够掌握生猪价格波动的规律和周期,并对未来生猪价格做出准确预测,则能够在一定程度上为生猪生产经营者提供决策支持,减免由于生猪价格波动带来的经济损失,稳定生猪市场价格。选取我国 2012 年 1 月至 2018 年 3 月间的周度生猪价格数据,绘制的生猪价格波动曲线和生猪价格波动率曲线如图 7.1 和图 7.2 所示。

结合图 7.1 和图 7.2 可以发现,每年的 2 月开始生猪价格逐渐下跌,4 至 5 月生猪价格跌入低谷,主要是因为 4 月以后天气逐渐变暖,受气温影响猪肉的可存放时间变短,导致消费者对猪肉的需求量减少,进而导致生猪价格下跌;然而到了每年的 10 月左右生猪价格又会上涨至较高价位,随后会有小幅度的回落,到了 12 月后又会迎来一个新的上升周期,主要是因为 10 月、1 月内中国的传统节日较多,如中秋节、春节等,我国居民对猪肉的需求量较大,拉动了生猪价格上涨。通过总结文献及实证研究分析可知,生猪价格虽然波动剧烈,但是也存在一定的周期性,年内表现出"两头高、中间低"的季节性特征,而且每三年左右生猪价格有一个较大的周期性变化,如 2014 年 4 月至 2017 年 4 月我国生猪价格就经历了一次周期性变化。

而且近些年生猪价格波动较大,从 2014 年 2 月开始生猪价格便一直保持在较低价位,直到 2015 年 5 月生猪价格才上涨至正常价位,在此期间生猪基本上都是低于 14 元 / 千克,特别是 2014 年 4 月,全国生猪平均价格跌至了历史最低,其第 4 周生猪价格仅有 10.97 元 / 千克,给生猪生产经营者造成了重大的经济损失;生猪价格在经历过 2014 年的价格低迷期之后,从 2015 年 3 月开始快速回升,以至于 2016 年一整年生猪价格都保持着较高的价位,并且在 2016 年 6 月第 2 周生猪价格上涨至历史最高值(20.8 元 /kg),然后生猪价格又开始持续下跌。究其原因就是每当生猪价格处于上涨时期,生猪生产者、经营者就会大肆地增加生猪的存栏量,以至于后期市场上生猪数量过多,进而导致生猪价格下跌;每当生猪价格持续下跌时,生产者又开始减少生猪存栏量,以至于市场上生猪量减少,进而导致生猪价格上涨。

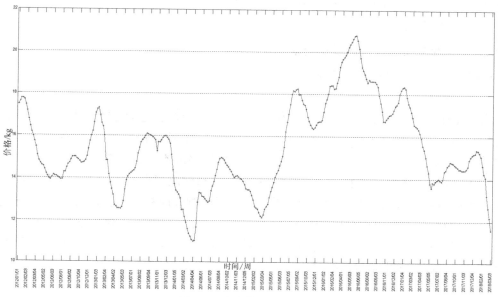

图 7.1　生猪价格波动曲线

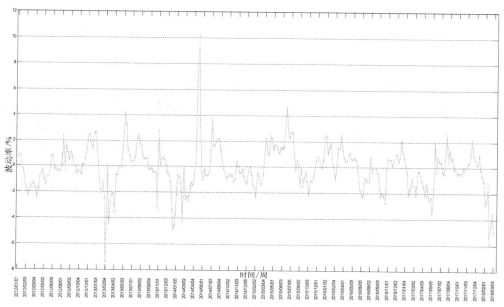

图 7.2　生猪价格波动率曲线

7.2.3　生猪价格波动因素分析

生猪市场是一个开放性的系统,因而影响生猪价格波动的因素错综复杂,难以给出较为准确的概述。通过分析生猪价格的形成机制和过程可以发现,影响生猪价格波动的因素主要有供给因素、需求因素以及市场外因素三个层面。

7.2.3.1　影响生猪价格波动的供给因素

影响生猪价格波动的供给因素主要有以下两个方面。

1. 生产成本

当生猪生产成本增加时,为了追求利益最大化,生产者会适量地提升生猪的出售价格,反之生猪市场价格则会下跌。生猪生产成本主要包括仔猪成本、饲料成本、医疗成本、人工成本等方面,其中饲料成本占据较大比重,其次是仔猪成本,它们占据了生猪生产成本的80%以上,因为生猪生产需要一定的周期,一般从仔猪到成猪大概需要5~6个月的时间,期间生猪生长需要大量的饲料供给。而且在生猪饲料的制作原料中,玉米是其主要成分,占据60%以上比重,余下饲料成分以豆粕和麦麸为主。由表7.2可知,生猪价格与仔猪价格及饲料价格之间具有较高的相关性,而仔猪和饲料作为生猪生产的主要成本,因此它们的价格变化会在一定程度影响生猪价格的变化。

表 7.2　生猪价格与仔猪价格、饲料价格的相关性分析

相关系数	仔猪价格	育肥猪饲料价格	玉米价格
生猪价格	0.79	−0.42	−0.43

2. 生猪的存栏量和出栏量

生猪的出栏量会在一定程度上直接影响生猪价格,原因在于当生猪的出栏量过高时,导致市场上猪肉量过多,此时供过于求,进而导致生猪价格快速下跌;反之当生猪出栏量较小时,则又会造成生猪供不应求的现象,进而导致生猪价格上涨。而生猪存栏量的多少则与生猪生产者的决策有关,当其比较看好未来生猪价格时,则会增加生猪的存栏量,以致后期生猪出栏量增加,进而导致生猪价格下跌;反之当其对未来生猪价格的预期较差时,则又会减少生猪的存栏量,以致后期生猪出栏量减少,进而导致生猪价格上涨。由上述分析可知,生猪的存栏量和出栏量对生猪价格波动的影响的直接反映就是猪肉价格对生猪价格的影响。由图7.3可知,肉猪价格与生猪价格走势基本一致,且经计算它们之间的相关系数高达0.96,相关性高。

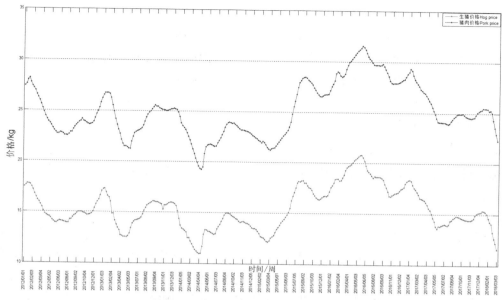

图 7.3　生猪价格和猪肉价格曲线图

7.2.3.2　影响生猪价格波动的需求因素

在当前的市场经济条件下,生猪需求的变化会在很大程度上影响生猪价格的变化,当对生猪的需求增加时则会促使生猪价格上涨,反之则会促使生猪价格下跌。影响生猪需求的因素有很多,主要有以下几个方面。

1. 替代品价格

在消费市场中,牛肉、羊肉、奶类、水产品、蛋类等猪肉的可替代产品的价格变化会在一定程度上影响居民对于猪肉的需要,进而影响生猪价格的变化。由表 7.3 可知,鸡蛋、牛肉、羊肉等可替代产品的价格变化对生猪市场的价格变化有着一定程度上的影响,其中鸡蛋价格和羊肉价格对生猪价格波动的影响略微显著,而牛肉的价格变化对生猪价格波动的影响不明显。

表 7.3　生猪价格与可替代品价格的相关性分析

相关系数	鸡蛋价格	牛肉价格	羊肉价格
生猪价格 Hog price	-0.16	0.04	-0.41

2. 收入水平

猪肉是我国居民餐桌上最为常见的食物之一,当居民收入水平较低时,猪肉在其生活总开支中就占据了较大比重,此时居民会减少对猪肉的需求,进而导致生猪价格的下跌;反之当居民的收入水平提高时,居民会适当则提高自己的生活水平,增加对猪肉的需求量,进而导致生猪价格的上涨。

3. 季节性消费习惯

一方面受传统风俗习惯的影响,我国居民每当节假日时,都会适当地提高生活水平,增加对猪肉的需求,进而导致生猪价格的上涨;另一方面由于每年的春季和冬季天气较为寒冷,居民需要大量的脂肪来抵御寒冷,此时居民对于猪肉的需求量有所增加,进而导致生猪价格上涨,而夏季和秋季的天气较为酷热,居民对脂肪的需求量不高,也就是对猪肉的需求量不高,进而导致生猪价格的下跌。

7.2.3.3 影响生猪价格波动的市场外因素

供给和需求是影响生猪价格最为主要的原因,除此之外,生猪价格还受其他因素的影响,主要有以下几个方面。

1. 国家政策

国家政策对于生猪价格的影响是多方面的,既可以通过供给方面对生猪市场价格进行调整,也可以通过需求方面对其进行调整。国家实施的一些生猪扶持政策,如生猪养殖补贴政策,在一定程度上减少了生猪生产者的生产成本,提升了生猪生产者的生产积极性,进而导致生猪的供给增加,对生猪价格产生了一定影响。而且,国家还可以对生猪价格实施调控政策,当生猪市场价格过高或过低时,国家则会通过相关政策来投放或收储部分猪肉,使消费市场上的猪肉量增加或减少,导致猪肉价格下降或上涨,进而影响未来生猪价格。其他方面的国家政策也能在一定程度上影响生猪价格,如就业政策,它能够在一定程度上增加居民的就业率,促使居民收入水平提高,生活水平提高,对猪肉的需求量增加,进而影响生猪价格。

2. 疫情、自然灾害等突发因素

大规模自然灾害的发生会造成生猪生产设施的破坏,导致生猪供给量减少,进而影响生猪价格。疫情的发生也能对生猪价格产生影响,如禽流感、猪流感等。禽流感的发生使得人们对猪肉的需求量增加,进而导致生猪价格上涨。而猪流感的影响是多方面的,一方面,猪流感致使大量生猪死亡,进而导致市场上生猪供给量减少;另一方面,猪流感对居民的消费心理造成极大的影响,出于对自身安全的考量,居民会减少对生猪的需求。但总体来说,猪流感期间生猪市场上需求的减少远远大于供给的增加,进而导致生猪价格下跌,而当疫情得以控制解决时,居民对生猪的需求开始慢慢增加,生猪价格也开始回升。

7.3 关联度分析

7.3.1 灰色关联度分析

在研究生猪价格波动规律及影响生猪价格波动的因素的过程中发现,生猪价格波动的影响因素较多,包括生产成本、可替代品价格、收入水平、疫情等众多方面,而且部分影响因素信息已知,部分影响因素信息未知,各因素之间相互影响,这比较符合灰色系统的研究特点。因此,为了能够进一步剖析生猪价格波动的成因及探究影响生猪价格波动的主要影响因子,首先我们采用灰色关联度模型,对生猪价格与其影响因素进行关联度分析。价格数据来源于农业农村部官网,如表 7.1 所示。

由于生猪价格波动影响因素众多,且部分因素难以把控,数据获取难度较大,因此在灰色关联度模型中,仅选取了部分具有代表性的价格因素用以进行关联度分析,以生猪价格作为参考序列,仔猪价格、猪肉价格、鸡蛋价格、牛肉价格、羊肉价格、玉米价格、豆粕价格及育肥猪饲料价格作为比较序列,在 MATLAB 2014a 平台上建立灰色关联度分析模型,并计算生猪价格与其影响因素之间的关联度,结果如图 7.4 所示。

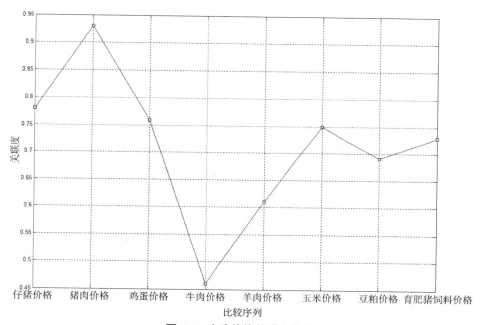

图 7.4　生猪价格关联度曲线

由图 7.4 的生猪价格关联度曲线可以直观地判断出各影响因素对生猪价格波动的影响程度的大小,其中猪肉价格对生猪价格的影响最为显著,牛肉价格对生猪价格的影响程度最低。通过图 7.4 对生猪价格与其影响因素价格的关联度进行排序,关联度排序如表 7.4所示。

仔猪、玉米、豆粕、育肥猪饲料作为生猪生产的主要生产成本,牛肉、羊肉、鸡蛋作为生猪市场上的主要可替代产品,它们价格的变化势必会影响生猪价格的异常变动。通过灰色关联度分析可知,生猪价格与仔猪价格、猪肉价格、鸡蛋价格、玉米价格及育肥猪饲料价格的相关性较高,关联度均在 0.7 以上,说明这些因素对生猪市场价格的波动有着一定程度的影响,其中生猪价格与猪肉价格之间的关联度高达 0.93,这说明二者之间有着直接的相互影响。

表 7.4　关联度排序表

参考序列	比较序列	关联度	排序
生猪价格	仔猪价格	0.79	2
	猪肉价格	0.93	1
	鸡蛋价格	0.76	3
	牛肉价格	0.46	8
	羊肉价格	0.61	7
	玉米价格	0.75	4
	豆粕价格	0.69	6
	育肥猪饲料价格	0.73	5

7.3.2　相关系数分析

由灰色关联度分析的特性可知,关联度都是正值,只能判断出自变量对因变量的影响程度大小,而不能确定这种影响是正向的还是反向的,且在多个变量的灰色关联度分析系统中,自变量之间相互影响,共同作用于因变量。为能够直观地判断出生猪价格波动影响因素对生猪价格波动的影响程度及方向,用相关系数分析对它们间的相关性进行分析更方便。

相关分析是依据研究者的理论知识和实践经验,对客观现象之间是否存在相关关系以及何种关系做出判断,并在此基础上,通过编制相关表、绘制相关图、计算相关系数与判定系数等方法,来判断现象之间相关的方向、形态及密切程度。相关系数是度量变量之间线性相关程度的量。

依据相关系数分析法,在 MATLAB 2014a 平台上运行相关系数分析模型:

$$R_k = \mathrm{corrcoef}(y, x_k) \quad k = 1, 2, \cdots, m$$

其中, m 表示影响因子个数。

计算得到生猪价格与其相关影响因子价格之间的相关系数,如表 7.5 所示。

表 7.5　相关系数表

因变量	自变量	相关系数
Hog price 生猪价格	仔猪价格	0.79
	猪肉价格	0.96
	鸡蛋价格	−0.16
	牛肉价格	0.04
	羊肉价格	−0.41
	玉米价格	−0.43
	豆粕价格	−0.42
	育肥猪饲料价格	−0.42

　　表 7.5 表明的是生猪价格与单一的影响因子价格之间的相关系数,自变量之间互不影响,即分别对生猪价格与仔猪价格、猪肉价格、鸡蛋价格、牛肉价格、羊肉价格、玉米价格、豆粕价格、育肥猪饲料价格进行相关系数分析。从相关系数表中可以看出,生猪价格与仔猪价格、猪肉价格呈现极高的正相关关系,生猪价格与鸡蛋价格、羊肉价格、玉米价格、豆粕价格、育肥猪饲料价格呈现显著的负相关关系,而生猪价格与牛肉价格则表现出极低的正相关关系。

7.3.3　定性分析

　　在现实的生猪市场中,生猪生产经营者常常通过人为经验对生猪价格与其他因素间的相关关系进行判断,并以此来判断未来生猪价格的走势。这种经验判定方式虽然简单,但缺乏说服性,且判断误差较大,不能准确给出影响程度的大小。为对生猪价格及其影响因素价格的变化有较为直观的表述,并进行对比分析,本文绘制了生猪价格、仔猪价格、猪肉价格、鸡蛋价格、牛肉价格、羊肉价格、玉米价格、豆粕价格以及育肥猪饲料价格的曲线图,如图 7.5所示。

　　通过图 7.5 的价格曲线可以发现生猪价格与仔猪价格、猪肉价格、鸡蛋价格之间的价格曲线变化态势较为相似,说明它们之间具有一定的相关性,而且生猪价格曲线与猪肉价格曲线的变化态势基本一致,说明它们之间具有较高的相关性,此结论与灰色关联分析的结果基本相同。

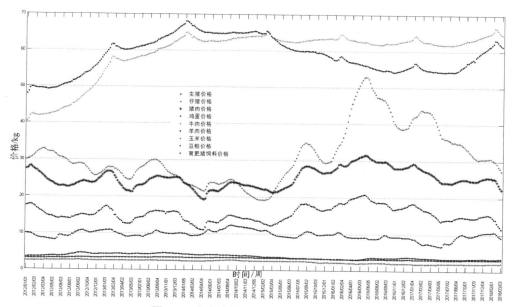

图 7.5　生猪价格和各影响因素价格曲线

7.3.4 生猪价格逐步回归分析

由表 7.5 可知生猪价格与其影响因子之间的关联度排序,为进一步确定生猪价格的显著影响因子,下面建立了 Stepwise 回归模型对各影响因子进一步筛选,模型如下:

$$Y = a_0 + a_1 X_1 + a_2 X_2 + a_3 X_3 + a_4 X_4 + a_5 X_5 + a_6 X_6 + a_7 X_7 + a_8 X_8 \tag{7.1}$$

其中,$Y, X_1, X_2, X_3, X_4, X_5, X_6, X_7, X_8$ 分别表示生猪价格、仔猪价格、猪肉价格、鸡蛋价格、牛肉价格、羊肉价格、玉米价格、豆粕价格、育肥猪饲料价格,$a_0, a_1, a_2, \cdots, a_8$ 表示 Stepwise 回归系数。

在 MATLAB 2014a 平台上运行 Stepwise 回归模型,并把生猪价格及其影响因子价格代入,使用方法为

Stepwise(X, Y, in, penter, premove)

其中,X 表示自变量数据,即生猪价格影响因子数据;Y 表示因变量数据,即生猪价格数据;in 表示自变量 X 的列数指标,默认初始状态下自变量都不在 Stepwise 回归模型中;penter 表示变量进入模型时的显著性水平,初始值一般默认为 0.05;premove 表示变量从模型中被剔除时的显著性水平,初始值一般默认为 0.10。在 MATLAB 中应用 Stepwise 命令时,模型不断地提醒将某个自变量引入(Move in)模型,或将某一个自变量从模型中剔除(Move out)。

Stepwise 回归模型筛选前后的结果如图 7.6 和图 7.7 所示。

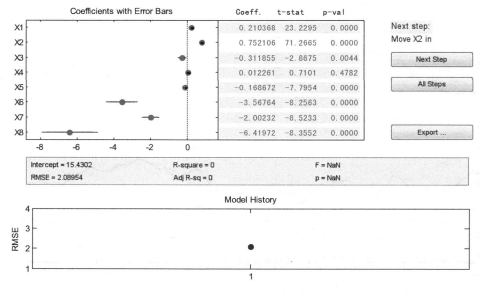

图 7.6　Stepwise 回归模型初始状态

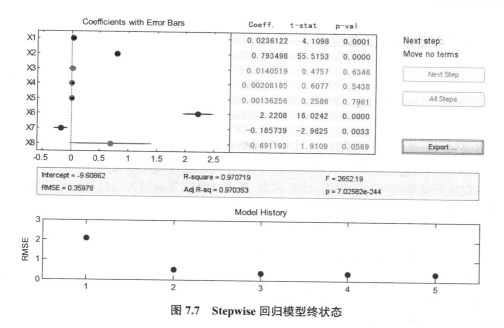

图 7.7　Stepwise 回归模型终状态

从图 7.6 的 Stepwise 回归模型初始状态图可以看出,模型初始状态下所有自变量均不在模型中,且模型提醒将自变量 X_2(猪肉价格)引入模型,说明在生猪价格的所有影响因素中,猪肉价格对其影响最为显著,两者之间相关性较高,然后单击"Next Step"按钮,直至按钮变成灰色或显示"Move terms",表明 Stepwise 回归模型筛选结束。

由 Stepwise 回归分析可知,生猪价格与其影响因子的最终价格模型为

$$Y = -9.608 + 0.024X_1 + 0.793X_2 + 2.221X_6 - 0.186X_7 \tag{7.2}$$

其中,模型的剩余标准差 RMSE 仅有 0.359 78,决定系数 R-square 高达 0.970 719,这说明该模型稳定性较好,且模型的拟合度较高,自变量对因变量的影响程度较大,即生猪价格与仔猪价格、猪肉价格、玉米价格及豆粕价格之间显著相关。

从图 7.7 中的 Stepwise 回归模型筛选结果图中可知,最终只有自变量 X_1, X_2, X_6, X_7 保留在模型中,自变量 X_3, X_4, X_5, X_8 被剔除出模型,结合灰色关联度及相关系数分析可知,生猪价格与牛肉价格及羊肉价格之间的相关性较低,因而牛肉价格、羊肉价格被剔除出了 Stepwise 模型;生猪价格与鸡蛋价格、玉米价格及育肥猪饲料价格之间显著相关,且关联度大小较为接近,这说明它们之间可能存在多重共线问题,综合分析可知玉米价格对生猪价格的影响更大,对模型来说更优,因而模型保留了玉米价格,剔除了鸡蛋价格及育肥猪饲料价格。通过 Stepwise 回归分析,模型最终选择了仔猪价格、猪肉价格、玉米价格、豆粕价格作为生猪价格的显著影响因子。

7.4　生猪价格预测模型

7.4.1　预测模型评价指标

预测模型对训练集进行预测而得出的准确率并不一定能够很好地反映出预测模型未来的性能,为了能够有效判断预测模型的性能优劣,并对其进行优化改进,提高预测准确率,需要选取一组除训练集以外的数据集,即测试集,并通过测试集的相关信息对模型的准确率进行评价。经常使用的预测模型评价指标主要有以下几种。

1. 绝对误差与相对误差

绝对误差(Absolute Error)的计算公式如下:

$$E = O - Y \tag{7.3}$$

其中, E 表示绝对误差, Y 表示实际值, O 表示预测值。

相对误差(Relative Error)的计算公式如下:

$$e = \frac{O - Y}{Y} \tag{7.4}$$

其中, e 表示相对误差。通常相对误差也用百分数表示,这是一种比较直观的表示方法,其计算公式如下:

$$e = \frac{O - Y}{Y} \times 100\% \tag{7.5}$$

一般用相对误差绝对值低于 2% 的占比大小来评估预测模型的准确度,即绝对值低于 2% 的相对误差所占有的比重。

2. 平均绝对误差

平均绝对误差(Mean Absolute Error, MAE)的计算公式如下:

$$MAE = \frac{1}{n}\sum_{i=1}^{n}|E_i| = \frac{1}{n}\sum_{i=1}^{n}|O_i - Y_i| \tag{7.6}$$

其中, E_i 表示第 i 个预测值与期望值的绝对误差, Y_i 表示第 i 个期望值, O_i 表示第 i 个预测值, n 表示测试集样本数。

3. 均方误差

均方误差(Mean Squared Error, MSE)的计算公式如下:

$$MSE = \frac{1}{n}\sum_{i=1}^{n}E_i^2 = \frac{1}{n}\sum_{i=1}^{n}(O_i - Y_i)^2 \tag{7.7}$$

其中, E_i 表示第 i 个预测值与期望值的绝对误差, Y_i 表示第 i 个期望值, O_i 表示第 i 个预测值, n 表示测试集样本数。

均方误差指预测误差的平方和的均值,有效地避免了正负预测误差不能相加减的问题。而且由于对绝对误差 E 进行了平方,所以加强了较大预测误差值在指标中的作用,从而提高了这个指标的灵敏性。

4. 均方根误差

均方根误差（Root Mean Squared Error，RMSE）的计算公式如下：

$$RMSE = \sqrt{\frac{1}{n}\sum_{i=1}^{n} E_i^2} = \sqrt{\frac{1}{n}\sum_{i=1}^{n}(O_i - Y_i)^2} \quad\quad (7.8)$$

其中，E_i 表示第 i 个预测值与期望值的绝对误差，Y_i 表示第 i 个期望值，O_i 表示第 i 个预测值，n 表示测试集样本数。

均方根误差表示均方误差的平方根，代表了预测值的离散程度，也称为标准误差，最佳的拟合情况为 $RMSE = 0$。

5. 平均绝对百分误差

平均绝对百分误差（Mean Absolute Percentage Error，MAPE）的计算公式如下：

$$MAPE = \frac{1}{n}\sum_{i=1}^{n}\left| E_i / Y_i \right| = \frac{1}{n}\sum_{i=1}^{n}\left|(O_i - Y_i) / Y_i\right| \quad\quad (7.9)$$

其中，E_i 表示第 i 个预测值与期望值的绝对误差，Y_i 表示第 i 个期望值，O_i 表示第 i 个预测值，n 表示测试集样本数。一般认为，当 $MAPE < 10$ 时，预测精度较高。

7.4.2　BP 神经网络预测模型

7.4.2.1　实验数据参数的确定

在下面的建模过程中，我们以生猪价格作为单一的预测因子来建立 BP 神经网络生猪价格预测模型[46-47]。通过生猪价格规律分析可知，生猪价格每 36 个月左右有一个比较大的周期变化，且每 6 个月左右生猪价格有一个相似的价格走势，所以该模型选取前 24 个周的生猪价格来预测下一周的生猪价格。本章使用的生猪价格数据主要来源于中国农业农村部官网、中国畜牧业信息网。在模型中，以 2012 年 1 月第 1 周到 2018 年 3 月第 3 周的生猪价格作为数据源，处理后数据如表 7.6 所示。表中的前面 275 组数据作为训练集，后面的 26 组数据作为预测验证集。

表 7.6　BP 神经网络预测模型数据集

序列	时间	输入值	输出值
1	20120101—20120603	17.47,17.62,17.77,17.75,…,13.92,14.04	14.14
2	20120102—20120604	17.62,17.77,17.75,17.70,…,14.04,14.14	14.10
3	20120103—20120701	17.77,17.75,17.70,17.45,…,14.14,14.10	14.08
4	20120104—20120702	17.75,17.70,17.45,17.16,…,14.10,14.08	14.02
5	20120201—20120703	17.70,17.45,17.16,16.77,…,14.08,14.02	13.98
…	…	…	…
300	20170904—20180302	14.67,14.61,14.55,14.47,…,13.24,12.65	12.20
301	20171001—20180303	14.61,14.55,14.47,14.46,…,12.65,12.20	11.58

注：表中时间列表示周度时间，如时间 20120101 表示的是 2012 年 1 月第 1 周。

表 7.6 中,每一组数据有 25 个,其中输入值 24 个,输出值 1 个。例如,序列 1 表示的是用 2012 年 1 月第 1 周至 2012 年 6 月第 2 周的 24 组生猪价格数据来预测下一周生猪价格,即预测 2012 年 6 月第 3 周的生猪价格。

7.4.2.2 BP 神经网络预测的构建

在 MATLAB 2014a 平台上实现对 BP 神经网络预测模型的构建,主要包括以下步骤。

1. 数据的预处理

通过对生猪价格进行分析可知,生猪市场价格受到多种因素的影响,极易造成生猪价格波动性变化,这会极大地影响 BP 神经网络预测模型的学习速度和预测精度。为了加快 BP 神经网络模型的学习速度和提高其预测准确率,在进行建模之前,首先要对生猪价格数据进行预处理。

BP 神经网络进行数据预测处理最常用的方法就是数据归一化,通过把所有的初始数据全部化为 [0,1] 或 [−1,1] 之间的数据,来取消不同类别数据之间的数据量级差别,在一定程度上减小了 BP 神经网络的预测误差,提高了预测模型的准确度。目前,应用最为广泛的数据归一化方法主要有以下两种。

1)最大最小法

$$x_i = (x_i - x_{\min}) / (x_{\max} - x_{\min}) \quad i = 1, 2, \cdots, n \tag{7.10}$$

其中,x_i 表示输入数据,n 表示数据个数,$x_{\min}$ 表示 x_i 中的最小值,$x_{\max}$ 表示 x_i 中的最大值。

2)平均数方差法

$$x_i = (x_i - x_{\mathrm{mean}}) / x_{\mathrm{var}} \quad i = 1, 2, \cdots, n \tag{7.11}$$

其中,n 表示数据个数,x_{mean} 表示数据序列的平均值,x_{var} 表示数据序列的方差。

在对生猪价格进行数据归一化处理时,选取的是最大最小法,且在 MATLAB 2014a 中存在最大最小法的函数 mapminmax,具体使用方法如下:

　　　　[inputn_train,inputps_train]=mapminmax(input);

　　　　[outputn_train,outputps_train]=mapminmax(output);

input、output 分别表示 BP 神经网络生猪价格预测模型中的输入数据、输出数据,归一化处理后的生猪价格数据分别存储在 inputn_train 和 outputn_train 中。归一化处理后的数据如表 7.7 所示。

表 7.7 归一化后的生猪价格数据

序列	时间	输入值	输出值
1	20120101—20120603	0.3225,0.3530,0.3835,⋯,−0.3754	−0.3550
2	20120102—20120604	0.3530,0.3835,0.3795,⋯,−0.3550	−0.3632
3	20120103—20120701	0.3835,0.3795,0.3693,⋯,−0.3632	−0.3672
4	20120104—20120702	0.3795,0.3693,0.3184,⋯,−0.3672	−0.3795
5	20120201—20120703	0.3693,0.3184,0.2594,⋯,−0.3795	−0.3876
⋯	⋯	⋯	⋯

序列	时间	输入值	输出值
274	20170904—20180302	$0.1129, 0.0905, 0.0560, \cdots, -0.2208$	-0.2248
275	20171001—20180303	$0.0905, 0.0560, 0.0071, \cdots, -0.2248$	-0.2309

inputps、outputps 为数据归一化处理后的结构体数据,里面包含了归一化数据的最大值、最小值及平均数等信息可以用于测试数据集的归一化和反归一化。测试数据的归一化和反归一化程序方法如下:

inputn_test=mapminmax('reverse', an, outputps_train);

BPoutput=mapminmax('apply', input_forecast, inputps_train);

inputn_test 表示归一化后模型测试输入数据,BPoutput 表示反归一化后的生猪价格预测数据。

2. BP 神经网络结构的确定

1)网络初始化

在该 BP 神经网络预测模型中,以前 24 周的生猪价格预测下一周的生猪价格,故网络的输入层节点数为 24,输出层节点数为 1。网络的初始权值和阈值通过 MATLAB 中的随机函数 round( )进行设定,网络的训练时间、学习率和训练精度设置如下:

net.trainParam.epochs=100;

net.trainParam.lr=0.1;

net.trainParam.goal=0.00001;

2)隐含层层数和节点数确定

多层 BP 神经网络可以减小网络模型的误差,提高模型的预测精度。在隐含层的层数和每层的节点数的选取过程中,通过经验公式对隐含层节点数进行选取,并对多次实验的结果进行比较分析,最终确定隐含层数为 3 层,每层含有 8 个节点。

3)激励函数的确定。

对生猪价格数据进行归一化处理后,生猪价格数据均分布在 [-1,1] 区间内,比较符合 S 对数函数以及 S 正切函数对数值取值的要求,故在 BP 神经网络预测模型的激励函数选取中,输入层和隐含层及隐含层和输出层之间的激励函数分别选取 tansig 函数和 logsig 函数。

4)预测精度的确定

为了能够直观地反映出该模型对于生猪价格预测的优良性,我们选用绝对平均误差(MAE)和平均绝对百分误差(MAPE)两种方法对模型的预测精度进行度量评价。

根据以上分析,我们设计了一个包含 3 层隐含层的 BP 神经网络预测模型,通过多次实验的对比分析,生猪价格的最佳预测结果如图 7.8 所示。

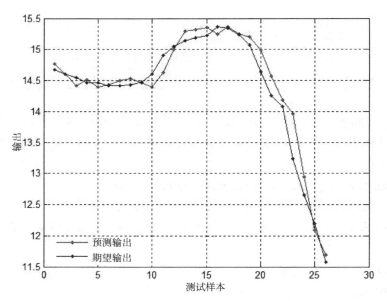

图 7.8　BP 神经网络预测模型输出曲线

　　从图 7.8 中可以看出,生猪价格的预测输出与期望输出曲线走势基本一致,且部分周期内预测输出与期望输出基本相同,部分周期内生猪价格输出差别较大。

　　BP 神经网络预测模型预测相对误差如图 7.9 所示。从图 7.9 中可以看出,预测的相对误差大多数都在 2% 以内,但误差间波动较大。

　　BP 神经网络预测模型误差检验表如表 7.8 所示。

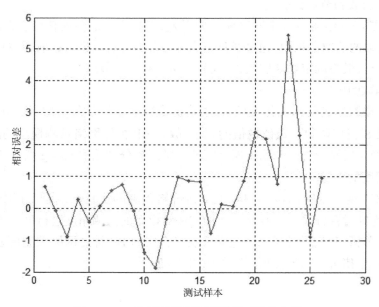

图 7.9　BP 神经网络预测模型相对误差曲线

表 7.8　误差检验表

序列	时间	预测值	期望值	绝对误差	相对误差
1	20170904	14.77	14.67	0.10	0.68
2	20171001	14.60	14.61	-0.01	-0.07
3	20171002	14.42	14.55	-0.13	-0.89
4	20171003	14.51	14.47	0.04	0.28
5	20171004	14.40	14.46	-0.06	-0.41
6	20171101	14.43	14.42	0.01	0.07
7	20171102	14.50	14.42	0.08	0.55
8	20171103	14.54	14.43	0.11	0.76
9	20171104	14.47	14.48	-0.01	-0.07
10	20171105	14.40	14.60	-0.20	-1.37
11	20171201	14.63	14.91	-0.28	-1.88
12	20171202	15.00	15.05	-0.05	-0.33
13	20171203	15.29	15.14	0.15	0.99
14	20171204	15.32	15.19	0.13	0.86
15	20180101	15.35	15.22	0.13	0.85
16	20180102	15.25	15.37	-0.12	-0.78
17	20180103	15.36	15.34	0.02	0.13
18	20180104	15.25	15.24	0.01	0.07
19	20180105	15.20	15.07	0.13	0.86
20	20180201	14.99	14.64	0.35	-2.39
21	20180202	14.57	14.26	0.31	2.17
22	20180203	14.19	14.08	0.11	0.78
23	20180204	13.96	13.24	0.72	5.44
24	20180301	12.94	12.65	0.29	2.29
25	20180302	12.09	12.20	-0.11	-0.90
26	20180303	11.69	11.58	0.11	0.95

注：表中时间列表示周度时间，如时间 20170904 表示的是 2017 年 9 月第 4 周。

从图 7.8 的 BP 神经网络预测模型中生猪的预测价格和实际价格曲线对比可以发现，其价格曲线走势基本相同，且在部分周期内预测价格与期望价格差别较大；从图 7.9 的 BP 神经网络预测模型中生猪预测价格的相对误差曲线变化可以发现，生猪价格预测误差波动变化较大，且在用来测试的 26 组数据中，经过模型预测后的生猪价格相对误差绝对值低于 2% 的仅占有 84.62%，也就意味着该模型的预测精确度仅为 84.62%；从表 7.8 的误差检验数据中可以发现，通过模型预测后的生猪价格与实际生猪价格很接近，即绝对误差相对较小，而且通过计算可以得出，模型预测后的生猪价格平均绝对百分误差（MAPE）为 1.04<10，结合图 7.8 和图 7.9 分析可知，BP 神经网络预测模型效果良好，预测精度较高，但预测稳定性

较差。

BP 神经网络预测模型虽然以往期的生猪价格历史数据为基础进行了预测分析,并取得良好的实验效果,但该模型忽略了生猪价格影响因素对于预测结果的影响,因此该模型还不够完善,有待提高和优化。

7.4.3 生猪价格多元回归预测模型

由于生猪价格波动性大,易受其他多种因素的影响,若对其价格进行预测分析,势必要考虑其他影响因素对其产生的影响。而多元回归分析则可以建立多个变量之间线性或非线性的关系模型,并利用样本数据进行统计分析与预测。因此,建立生猪价格与其影响因子的关系模型,进而对生猪价格进行预测是十分重要的。

根据相关系数分析可知,生猪价格与仔猪价格、猪肉价格、玉米价格、豆粕价格、育肥猪饲料价格之间表现出显著的线性相关关系,再结合灰色关联度分析和 Stepwise 回归分析,我们选择同一周的生猪价格、仔猪价格、猪肉价格、玉米价格、豆粕价格作为显著影响因子进入多元回归预测模型,以预测下一周的生猪价格,模型如下:

$$Y_{i+1} = a_0 + a_1 Y_i + a_2 X_{1i} + a_3 X_{2i} + a_4 X_{3i} + a_5 X_{4i} + \varepsilon \tag{7.12}$$

其中, $Y_i, X_{1i}, X_{2i}, X_{3i}, X_{4i}$ 分别表示生猪价格、仔猪价格、猪肉价格、玉米价格、豆粕价格, Y_{i+1} 表示下一周生猪价格, a_1, a_2, a_3, a_4, a_5 表示变量系数。

在多元回归预测模型中,以 2012 年 1 月第 1 周到 2017 年 9 月第 2 周的数据,共 298 组,作为模型的训练集;以 2017 年 9 月第 3 周到 2018 年 3 月第 2 周的数据,共 26 组,作为模型的预测测试集,以验证模型的可行性,数据如表 7.9 所示。

表 7.9 多元回归预测模型数据集

序列	时间	Y_{i+1}	Y_i	X_{1i}	X_{2i}	X_{3i}	X_{4i}
1	20120101	17.62	17.47	29.88	27.45	2.35	3.41
2	20120102	17.77	17.62	30.07	27.62	2.35	3.42
3	20120103	17.75	17.77	30.34	28.03	2.35	3.43
4	20120104	17.70	17.75	30.54	28.20	2.35	3.44
5	20120201	17.45	17.70	30.76	27.77	2.35	3.44
…	…	…	…	…	…	…	…
324	20180302	11.58	12.20	28.00	22.93	2.05	3.39

注:表中时间列表示周度时间,如时间 20120101 表示的是 2012 年 1 月第 1 周。

通过训练后的多元回归模型方程如下:

$$Y_{i+1} = 1.21 Y_i + 0.01 X_{1i} - 0.18 X_{2i} + 0.01 X_{3i} + 0.08 X_{4i} \tag{7.13}$$

预测结果如图 7.10 和图 7.11 以及表 7.10 所示。

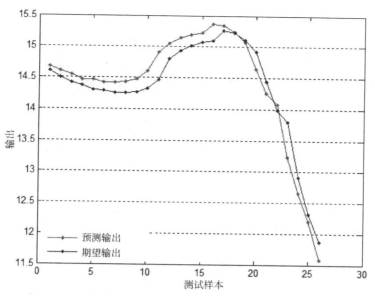

图 7.10　多元回归预测模型输出曲线

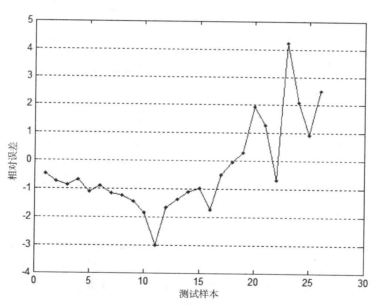

图 7.11　多元回归预测模型相对误差曲线

表 7.10　误差检验表

序列	时间	预测值	期望值	绝对误差	相对误差
1	20170904	14.60	14.67	-0.07	-0.48
2	20171001	14.50	14.61	-0.11	-0.75
3	20171002	14.42	14.55	-0.13	-0.89

序列	时间	预测值	期望值	绝对误差	相对误差
4	20171003	14.37	14.47	-0.10	-0.69
5	20171004	14.30	14.46	-0.16	-1.11
6	20171101	14.29	14.42	-0.13	-0.90
7	20171102	14.25	14.42	-0.17	-1.18
8	20171103	14.25	14.43	-0.18	-1.25
9	20171104	14.27	14.48	-0.21	-1.45
10	20171105	14.33	14.60	-0.27	-1.85
11	20171201	14.46	14.91	-0.45	-3.02
12	20171202	14.80	15.05	-0.25	-1.66
13	20171203	14.93	15.14	-0.21	-1.39
14	20171204	15.02	15.19	-0.17	-1.12
15	20180101	15.07	15.22	-0.15	-0.99
16	20180102	15.10	15.37	-0.27	-1.76
17	20180103	15.26	15.34	-0.08	-0.52
18	20180104	15.23	15.24	-0.01	-0.07
19	20180105	15.11	15.07	0.04	0.27
20	20180201	14.29	14.64	0.28	1.91
21	20180202	14.44	14.26	0.18	1.26
22	20180203	13.98	14.08	-0.10	-0.71
23	20180204	13.80	13.24	0.56	4.23
24	20180301	12.91	12.65	0.26	2.06
25	20180302	12.31	12.20	0.11	0.90
26	20180303	11.87	11.58	0.29	2.50

注:表中时间列表示周度时间,如时间 20170904 表示的是 2017 年 9 月第 4 周。

从图 7.10 的多元回归预测模型中生猪的预测价格和实际价格曲线对比可以发现,该预测价格与实际价格走势基本一致;从图 7.11 的多元回归预测模型中生猪预测价格的相对误差曲线变化可以发现,生猪预测价格变化波动较大,且在用来测试的 26 组数据中,经过模型预测后的生猪价格相对误差绝对值低于 2% 的仅占有 84.62%,也就意味着该模型的预测精确度仅为 84.62%;从表 7.10 的误差检验数据中可以发现,通过模型预测后的生猪价格与实际生猪价格较为接近,即预测模型的绝对误差和相对误差相对较小,而且通过计算可以得出,模型预测后的生猪价格平均绝对百分误差(MAPE)为 1.34<10,说明多元回归预测模型效果良好,预测精度较高。

该预测模型虽然以生猪价格的影响因子为自变量对生猪价格进行预测分析,并取得良好的实验效果,但该模型忽略了生猪价格的波动规律和周期以及生猪价格滞后性的影响,即忽略了时间序列带来的影响。因此,仅仅以本周生猪价格及其显著影响因子对下一周生猪价格进行预测还存在一定的缺陷性。

7.4.4　BP– 多元回归预测模型

单一的 BP 神经网络预测模型和多元回归预测模型虽然都具有较好的预测效果,但是它们又都存在一定的缺陷性,BP 神经网络预测模型忽略了生猪价格影响因子对于预测结果的影响,多元回归预测模型则忽略了生猪价格滞后性的影响,即时间序列对于模型的预测影响。因此,在综合考虑生猪价格历史数据及其影响因子的基础上,本书建立了一种综合预测分析模型,即通过 BP 神经网络与多元回归分析的交叉分析应用来预测生猪价格。

$$y = \omega_1 y_{bp} + \omega_2 y_r \tag{7.14}$$

其中,y 表示最终的生猪预测价格,y_{bp} 表示 BP 神经网络预测模型预测的生猪价格,y_r 表示多元回归预测模型预测的生猪价格,ω_1、ω_2 分别表示 BP 神经网络预测模型和多元回归预测模型的权值。

假设 BP- 多元回归模型的预测输出 $\boldsymbol{y} = [y_1, y_2, \cdots, y_n]^T$,BP 神经网络模型预测输出 $\boldsymbol{y}_{bp} = [y_{b1}, y_{b2}, \cdots, y_{bn}]^T$,多元回归模型预测输出 $\boldsymbol{y}_r = [y_{r1}, y_{r2}, \cdots, y_{rn}]^T$,模型的权值 $\boldsymbol{\omega}_1 = [\omega_{11}, \omega_{12}, \cdots, \omega_{1n}]$,$\boldsymbol{\omega}_2 = [\omega_{21}, \omega_{22}, \cdots, \omega_{2n}]$,其中 n 表示数据样本个数,则

$$\begin{cases} y_1 = \omega_{11} y_{b1} + \omega_{21} y_{r1} \\ y_2 = \omega_{12} y_{b2} + \omega_{22} y_{r2} \\ \quad\quad \cdots \\ y_n = \omega_{1n} y_{bn} + \omega_{2n} y_{rn} \end{cases} \tag{7.15}$$

其中,若已知 $\boldsymbol{y}$,$\boldsymbol{y}_{bp}$,$\boldsymbol{y}_r$,则可对模型进行线性拟合,求得 BP- 多元回归预测模型中的变量权值 $\boldsymbol{\omega}_1$、$\boldsymbol{\omega}_2$。

根据关联度分析,选择同一周的生猪、仔猪、猪肉、玉米和豆粕的价格作为自变量进入多元回归预测模型,以预测下一周的生猪价格,模型如下:

$$Y_{i+1} = a_0 + a_1 Y_i + a_2 X_{1i} + a_3 X_{2i} + a_4 X_{3i} + a_5 X_{4i} + \varepsilon \tag{7.16}$$

其中,$Y_i, X_{1i}, X_{2i}, X_{3i}, X_{4i}$ 分别表示生猪价格、仔猪价格、猪肉价格、玉米价格、豆粕价格,$a_0, a_1, a_2, a_3, a_4, a_5$ 表示变量系数,ε 表示随机误差项。

在 BP- 多元回归预测模型中,以 2012 年 6 月第 3 周到 2017 年 9 月第 2 周的生猪、仔猪、猪肉、玉米和豆粕的价格数据作为多元回归分析的训练集,共 275 组数据;以 2017 年 9 月第 3 周到 2018 年 3 月第 2 周的生猪、仔猪、猪肉、玉米和豆粕的价格数据作为多元回归分析的训练集,共 26 组数据。数据如表 7.11 所示。

表 7.11   BP- 多元回归预测模型数据集 1

序列	时间	Y_{i+1}	Y_i	X_{1i}	X_{2i}	X_{3i}	X_{4i}
1	20120603	14.14	14.04	30.60	22.73	2.48	3.67
2	20120604	14.10	14.14	30.54	22.84	2.49	3.68
3	20120701	14.08	14.10	30.37	22.81	2.49	3.69
4	20120702	14.02	14.08	30.17	22.72	2.50	3.72
5	20120703	13.98	14.02	29.87	22.59	2.50	3.77
…	…	…	…	…	…	…	…
324	20180302	11.58	12.20	28.00	22.93	2.05	3.39

注:表中时间列表示周度时间,如时间 20120603 表示的是 2012 年 6 月第 3 周。

在 BP 神经网络预测模型中,以生猪价格作为单一的预测因子,不涉及其他的影响因子。通过生猪价格规律分析可知,生猪价格每 36 个月左右有一个比较大的周期变化,且每 6 个月左右生猪价格有一个相似的价格走势,所以该模型以前 24 周的生猪价格预测下一周的生猪价格。在模型中,以 2012 年 1 月第 1 周到 2018 年 3 月第 3 周的生猪价格作为数据源,处理后数据如表 7.12 所示。表中前面 275 组数据作为训练集,后面 26 组数据作为预测验证集。

表 7.12   BP- 多元回归预测模型数据集 2

序列	时间	输入值	输出值
1	20120101—20120603	17.47,17.62,17.77,17.75,…,13.92,14.04	14.14
2	20120102—20120604	17.62,17.77,17.75,17.70,…,14.04,14.14	14.10
3	20120103—20120701	17.77,17.75,17.70,17.45,…,14.14,14.10	14.08
4	20120104—20120702	17.75,17.70,17.45,17.16,…,14.10,14.08	14.02
5	20120201—20120703	17.70,17.45,17.16,16.77,…,14.08,14.02	13.98
…		…	…
300	20170904—20180302	14.67,14.61,14.55,14.47,…,13.24,12.65	12.20
301	20171001—20180303	14.61,14.55,14.47,14.46,…,12.65,12.20	11.58

注:表中时间列表示周度时间,如时间 20120101 表示的是 2012 年 1 月第 1 周。

表 7.12 中,每一组数据有 25 个,其中输入值 24 个,输出值 1 个。例如,序列 1 表示的是用 2012 年 1 月第 1 周至 2012 年 6 月第 2 周的 24 组生猪价格数据预测下一周生猪价格,即预测 2012 年 6 月第 3 周的生猪价格。

在 BP- 多元回归生猪价格预测模型中,利用 BP 神经网络的输出值 y_{bp},多元回归分析的输出值 y_r 以及生猪价格的输出期望值 y,并结合式(7.16)对模型 $y = \omega_1 y_{bp} + \omega_2 y_r$ 进行拟合。

通过拟合后的预测模型如下:

$$y = \frac{1}{2} y_{bp} + \frac{1}{2} y_r \qquad\qquad (7.17)$$

用预测验证集对生猪价格预测模型进行检验,结果如图 7.12 和图 7.13 以及表 7.13 所示。

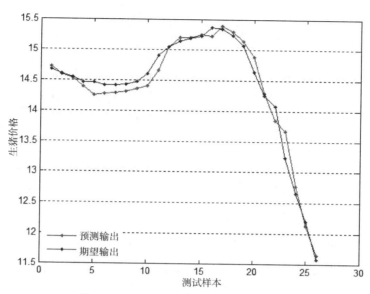

图 7.12　BP- 多元回归预测模型输出曲线

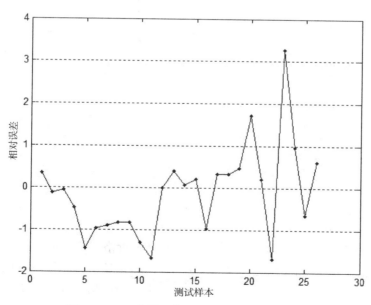

图 7.13　BP- 多元回归预测模型相对误差曲线

表7.13　误差检验表

序列	时间	预测值	期望值	绝对误差	相对误差
1	20170904	14.72	14.67	0.05	0.34
2	20171001	14.59	14.61	−0.02	−0.14
3	20171002	14.54	14.55	−0.01	−0.07
4	20171003	14.40	14.47	−0.07	−0.48
5	20171004	14.25	14.46	−0.21	−1.45
6	20171101	14.28	14.42	−0.14	−0.97
7	20171102	14.29	14.42	−0.13	−0.90
8	20171103	14.31	14.43	−0.12	−0.83
9	20171104	14.36	14.48	−0.12	−0.83
10	20171105	14.41	14.60	−0.19	−1.30
11	20171201	14.66	14.91	−0.25	−1.68
12	20171202	15.05	15.05	0	0
13	20171203	15.20	15.14	0.06	0.40
14	20171204	15.20	15.19	0.01	0.07
15	20180101	15.25	15.22	0.03	0.20
16	20180102	15.22	15.37	−0.15	−0.98
17	20180103	15.39	15.34	0.05	0.33
18	20180104	15.29	15.24	0.05	0.33
19	20180105	15.14	15.07	0.07	0.46
20	20180201	14.89	14.64	0.25	1.71
21	20180202	14.29	14.26	0.03	0.21
22	20180203	13.84	14.08	−0.24	−1.70
23	20180204	13.67	13.24	0.43	3.25
24	20180301	12.77	12.65	0.12	0.95
25	20180302	12.12	12.20	−0.08	−0.66
26	20180303	11.65	11.58	0.07	0.60

注:表中时间列表示周度时间,如时间20170904表示的是2017年9月第4周。

从图7.12的BP-多元回归预测模型中生猪的预测价格和实际价格曲线对比可以发现,模型的预测价格与实际价格走势基本一致,且曲线间差别较小,表明该预测模型实验结果相对较好;从图7.13的BP-多元回归预测模型中生猪预测价格的相对误差曲线变化可以发现,生猪预测价格波动变化相对比较平稳且维持在较低水平,在用来测试的26组数据中,经过模型预测后的生猪价格相对误差绝对值低于2%的占有率高达96.15%,也就意味着该模型的预测精确度高达96.15%,而单一的BP神经网络预测模型和多元回归预测模型仅有84.62%和84.62%,相比较BP-多元回归预测模型的预测准确率更高,预测准确率提升了11%以上;从表7.13的误差检验数据中可以发现,通过该模型预测后的生猪价格与实际生猪价格很接近,即绝对误差相对较小,而且模型预测后的相对误差绝对值与单一的 BP 神经网络预测模型和多元回归预测模型相对较小,该模型保持在相对较低的水平,通过计算可以得出,模型预测后的生猪价格平均绝对百分误差(MAPE)仅有为 0.80,与 BP- 多元回归预测模型的 1.04 和多元回归预测模型的 1.34 相对低了很多,这说明 BP- 多元回归预测模型的稳定性更好,预测效果更佳,预测精度更高。

目前,国内外对于生猪价格预测的研究还相对较少,预测模型还不够完善与成熟,大多数的预测模型都是对算法的简单应用,且预测因素考虑的不够全面。如付连连等 [48] 构建了 LS-SVM 预测模型对生猪价格进行预测,但是该模型仅仅考虑了生猪价格波动因素对于模型预测的影响,未考虑生猪价格的滞后性带来的影响,且 LS-SVM 预测模型的预测精度仅有 91.7%,BP- 多元回归预测模型不仅考虑了生猪价格历史数据的影响,而且加入了生猪价格波动的显著影响因子,预测准确度高达 96.15%,比灰色系统预测模型和 LS-SVM 模型具有更好的预测效果。

通过以上的对比分析可知,BP- 多元回归预测模型综合考虑了生猪价格的滞后性及影响因素对于预测结果的影响,具有更好的预测结果和非线性拟合效果,大大提高了生猪价格预测的准确率,在生猪价格预测方面具有更好的预测效果,能够为生猪生产经营者提供一定程度上的决策支持,保障生猪市场的健康可持续发展。

参考文献

[1]　MORDECAI E. The cobweb theorem[J].The Quarterly Journal of Economics,1938,52（2）:248-255.

[2]　HARLOW A A. The hog cycle and the cobweb theorem[J]. American Journal of Agricultural Economics,1960,42(2):842-853.

[3]　LARSON A B. The hog cycle as harmonic motion[J]. American Journal of Agricultural Economics,1964,46(2):375-386.

[4]　HAYES D J,SCHMITZ A. Hog cycles and countercyclical production response[J]. American Journal of Agricultural Economics,1987,69(4):762-770.

[5]　RUTH M,CLOUTIER L M,GARCIA P. A nonlinear model of information and coordination in hog production:testing the Coasian-Fowlerian dynamic hypotheses[J]. American Journal of Agricultural Economics,1998,80(20971):156-164.

[6]　TROSTLE R. Global agricultural supply and demand:factors contributing to the recent increase in food commodity prices[J]. Electronic Outlook Report from the Economic Research Service,2008,51(801):1-30.

[7]　LIDSTER D,MORRILL R,BEAUDIN M. Profit sensitivities to feed price and pig price with varying production levels[C]. Advances in Pork Production:Proceedings of the Banff Pork Seminar,2009,20(1):109-114.

[8]　KARLOVA N. Factors contributing to the decrease of prices for pork and the decline of pig

production profitability[J]. Russian Economic Developments, 2013,26(8):39-42.

[9] GRIFFITH G R. A note on the pig cycle in Australia[J]. Australian Journal of Agricultural & Resource Economics, 2012, 21(2):130-139.

[10] VINTER R. Pig prices given seasonal boost[J]. Farmers Weekly, 2013, 159(43):18-25.

[11] HAMULCZUK M, STAŃKO S. Factors affecting changes in prices and farmers' incomes on the Polish pig market[J]. Problems of Agricultural Economics, 2014, 4(341): 135-157.

[12] KOONTZ S R, HUDSON M A, HUGHES M W. Livestock futures markets and rational price formation: evidence for live cattle and live hogs[J]. Journal of Agricultural & Applied Economics, 2016, 24(1):233-249.

[13] TRUJILLOBARRERA A, GARCIA P, MALLORY M L. Price density forecasts in the U.S. hog markets: composite procedures[J]. American Journal of Agricultural Economics, 2016, 98(1):1529-1544.

[14] ALEXAKIS C, BAGNAROSA G, DOWLING M. Do cointegrated commodities bubble together? The case of hog, corn, and soybean[J]. Finance Research Letters, 2017, 23 (10):96-102.

[15] REMBISZ W, ZAWADZKA D. Profitability coefficient of pig production: analytical and empirical analysis for the period between 2001 and 2016[J]. Problems of Agricultural Economics, 2017, 3(352):116-132.

[16] TRUJILLOBARRERA A, GARCIA P, MALLORY M L. Short-term price density forecasts in the lean hog futures market[J]. European Review of Agricultural Economics, 2018, 45(1): 121-142.

[17] 吕杰, 綦颖. 生猪市场价格周期性波动的经济学分析 [J]. 农业经济问题, 2007, 28 (7):89-92.

[18] 江西省价格理论研究所、赣州市物价局课题组, 冷淑莲, 黄德明. 生猪价格周期性波动及其对策研究 [J]. 价格月刊, 2009,22(12):22-27,32.

[19] 张峭, 宋淑婷. 中国生猪市场价格波动规律及展望 [J]. 农业展望, 2012, 8(1):24-26.

[20] 刘艳芳. 我国生猪价格的波动规律分析及未来走势预测 [J]. 中国猪业, 2012, 18(6): 18-20.

[21] 陈艳丽. 生猪市场周期性波动与稳定生猪市场研究 [J]. 畜牧与兽医, 2013, 45(9): 98-100.

[22] 梁俊芬, 方伟, 万忠. 广东生猪价格波动态势及时间变化特征分析:基于 CensusX12 和 H-P 滤波模型 [J]. 广东农业科学, 2015, 42(23):226-231.

[23] 黎东升, 刘小乐. 我国生猪价格波动新特征:基于 HP 和 BP 滤波法的实证分析 [J]. 农村经济, 2015,52(6):52-55.

[24] 潘方卉. 生猪价格波动周期规律的实证检验 [J]. 统计与决策, 2016,90(17):90-92.

[25] 武深树. 未来生猪价格波动趋势:基于湖南省生猪价格波动的实证分析 [J]. 饲料广角,

2015, 43（4）:29-33.

[26]　宁攸凉, 乔娟. 中国生猪价格波动的影响与成因探究 [J]. 中国畜牧杂志, 2010, 46（2）:52-56.

[27]　綦颖, 宋连喜. 生猪价格波动影响因素的实证分析:以辽宁省为例 [J]. 中国畜牧杂志, 2009, 45（8）:1-4.

[28]　赵守军, 赵瑞莹. 山东省生猪价格波动研究 [J]. 科技和产业, 2012, 12（5）:69-73.

[29]　张晨, 罗强, 俞美莲. 中国生猪价格波动的经济学解释 [J]. 中国农学通报, 2013, 29（17）:1-6.

[30]　陈迪钦, 漆雁斌. 中国生猪价格波动影响因素的实证分析 [J]. 湖北农业科学, 2013, 52（4）:959-963.

[31]　赵瑾, 郭利京. 我国生猪价格波动特征及原因探析 [J]. 价格理论与实践, 2014（4）:85-87.

[32]　王国栋. 我国生猪价格波动影响因素研究 [J]. 价格理论与实践, 2015（5）:85-87.

[33]　贺鸣, 许玉贵, 邓检. 生猪价格波动的影响因素及其作用机理分析 [J]. 当代经济, 2015（5）:121-123.

[34]　付莲莲, 翁贞林, 张雅燕. 江西省生猪价格波动的成因及其预警分析:基于灰色关联和 LS-SVM 模型 [J]. 浙江农业学报, 2016, 28（9）:1624-1630.

[35]　魏珠清, 黄建华. 多因素影响下我国生猪供应链价格传导研究 [J]. 武汉理工大学学报（信息与管理工程版）, 2017, 39（5）:598-604.

[36]　罗千峰, 王雪擎, 王博. 基于蛛网理论的生猪价格周期性波动机理分析 [J]. 中国物价, 2017（7）:73-75.

[37]　马孝斌, 王婷, 董霞, 等. 向量自回归法在生猪价格预测中的应用 [J]. 中国畜牧杂志, 2007, 43（23）:4-6.

[38]　平平, 刘大有, 杨博, 等. 组合预测模型在猪肉价格预测中的应用研究 [J]. 计算机工程与科学, 2010, 32（5）:109-112.

[39]　罗创国, 张美珍, 薛继亮. 基于 ARIMA 模型的中国生猪价格的短期预测 [J]. 世界农业, 2010（10）:45-48.

[40]　黄靖贵, 张军舰, 付哈利. 基于面板数据模型的生猪价格风险评估及预测研究 [J]. 中国畜牧杂志, 2011, 47（22）:59-62.

[41]　丁琳琳, 孟军. 两种模型对中国生猪价格预测效果的比较 [J]. 统计与决策, 2012（4）:74-76.

[42]　许彪, 施亮, 刘洋. 我国生猪价格预测及实证研究 [J]. 农业经济问题, 2014, 35（8）:25-32.

[43]　王佳琪. 基于移动互联网的智能生猪价格预测平台 [D]. 长春:吉林农业大学, 2015.

[44]　吉阳, 黄鑫, 陈蓉. 基于 ARIMA 与小波神经网络模型的生猪价格预测比较 [J]. 生产力研究, 2016（9）:51-55.

[45]　楼文高, 刘林静, 陈芳, 等. 生猪市场价格风险预警的 GRNN 建模及其实证研究 [J].

数学的实践与认识, 2017, 47(6):19-28.

[46] 任青山,方逵,朱幸辉. 基于多元回归的 BP 神经网络生猪价格预测模型研究 [J]. 江苏农业科学, 2019,47(14):277-281.

[47] 任青山, 方逵. K-mean 聚类算法的一种改进方法 [J]. 福建电脑,2016,32(5):1-2,5.

[48] 付莲莲,翁贞林,伍健. 基于 BP 神经网络的江西省生猪价格波动预警分析 [J]. 价格月刊, 2017(9):19-24.